단맛 탐험

Sweetness Exploration

대표저자 송주현

자유아카데미

서문

단맛을 찾아 다양한 참고문헌들을 기웃거린 지 햇수로 2년 남짓, 이제 단맛을 음미하고자 하는 학생들에게 자그마한 강의 책을 내놓을 수 있어 무척 행복하다.

단맛은 동양과 서양, 옛날과 지금, 즉 사람이 살아온 모든 시대와 모든 장소를 아울러 본성을 잊을 정도로 이끌리는 바로 그 맛이다. 이 책을 쓰면서, 우리 주변에 널리 존재하는 단맛에 관련된 생활 속의 화학 그리고 그 이야기들이 현재를 살아가는 우리에게 달콤한 선물로 주어져 모든 살아 숨 쉬는 것들의 행복을 자극하고 있다는 것을 알았다. 특히 천연 단맛, 인공(합성) 단맛, 기능성 단맛으로 분류하여 여러 가지 감미료를 이해할 수 있었으며 단맛의 감미도를 비교 분석해 우리 주변에 적재적소에 활용되고 있는 감미료의 현주소를 확인할 수 있었다. 또한 다양한 감미료들의 합성법 중에서, 저자가 선택한 화학적 합성법과 생합성 과정을 통해 이루어진 반응들을 예를 들어 제시함으로써 책의 구성을 조금 더 다채롭게 꾸밀 수 있었다.

이『단맛 탐험』을 집필하면서 고려했던 많은 주제들이 있었다. 그중에서 일반 교양도서의 형식에 맞게 일반적으로 우리에게 가장 밀접하며 쉽게 다룰 수 있는 주제를 선택한 뒤 체계화하여 엮었다. 추후 강의 및 연구를 통해 끊임없이 수정하고 보완할 것을 정중히 말씀드리며, 출간 후 나올 수 있는 수정사항 등은 자유아카데미 홈페이지(www.freeaca.com)를 통해 제공할 예정이니 참고하기를 바란다.『단맛 탐험』이 완성되기까지 따뜻한 위로로 격려해주신 동아대학교 화학과의 모든 교수님들께도 깊은 감사의 말씀을 드린다. 끝으로, 집필 중에 전 지구적인 바이러스라는 아픔을 겪으며, 소망하던 아름다운 일들도 제대로 이루어지지 않아 몸과 마음이 안정치 못한 시기였지만 저자와 사랑하는 이들에게 이렇게 단꿀 같은 완성본이 주어진 큰 축복이 내려 모든 것에 감사할 따름이다.

2021. 01.

저자대표 송주현

차례

Chapter 7 감미료

Chapter 8 아세트산 납

Chapter 9 사카린

Chapter 10 아세설팜 포타슘

Chapter 11 아스파탐

Chapter 12 둘신

Chapter 13 합성 감미료가 설탕보다 더 달게 느껴지는 이유

Chapter 14 타우마틴

Chapter 15 사이클라메이트

Chapter 16 스테비오사이드

Chapter 17 전통의학으로 보는 단맛과 쓴맛

Chapter 18 트레할로스

Chapter 19 수크랄로스

Chapter 20 글루탐산

Chapter 21 소르비톨

Chapter 22 자일리톨

Chapter 23 설탕(자당)

Chapter 24 인슐린은 우리 몸의 당도 스위치

Chapter 25 알리탐

Chapter 26 네오탐

1 Chapter

단맛을 찾아서

1. 달콤한 맛의 유혹

지금까지 경험한 적 없는 지독한 폭염이 한 달 넘게 이어지고 있다. 이럴 때 떠올리게 되는 건 아주 차가우면서도 무척이나 달콤한 그 무언가다. 팥빙수나 수박 화채, 얼음과자 또는 아이스크림 같은 달달하면서도 아주 차갑고 시원한 것 말이다. 특히 프로젝트에 과부하가 걸리거나 논문발표를 앞두고 밤을 새우다시피 하는 날들을 떠올려 보자. 기말고사를 준비하느라 탈진 상태이거나 창조적이고 생산적인 작업에 전력을 다한 후, 두뇌를 완전히 소진한 이후에 찾아드는 지독한 갈망을 생각해 보자. 바로 그럴 때, 레몬 한 조각에 꿀을 듬뿍 가미한 얼음물이나 초콜릿 브라우니 같은 달콤한 케이크 한 조각을 입에 넣으면 불끈 힘이 솟아날 것만 같지 않은가.

입안 한가득 달콤하게 녹아내리는 느낌, 상큼하며 달콤함이 예민한 혀끝을 장악한 그런 달콤한 맛의 매력으로 인하여 우리의 먹는 습관조차 중독되어 자유롭지 못하다. 왜 우리는 이런 달콤함에 사로잡혀 중독되는 것일까? 실제로 우리가 느낄 수 있는 짜고, 맵고, 쓰고, 시고, 고소한 여러 가지 맛 중에서도 왜 유독 '단맛'에 마음이 경직되는 경우가 많은 걸까.

그 이유는 바로 우리 인체에 있어 가장 중요한 부분인 뇌가 원하기 때문이다. 인체의 다른 기관들과는 달리 뇌는 포도당을 주 에너지원으로 이용하며, 뇌가 피로할 때 우리 몸은 스스로 포도당을 찾는다. 너무도 당연하게 과로에 지친 뇌를 가장 빠르게 활성화할 수 있는 것은 설탕(많은 식물에서 발견되는 천연 탄수화물, glucose와 fructose의 축합 화합물)과 같이 정제된 탄수화물이다. 정제된 탄수화물은 혈중 포도당의 농도를 빠르게 올려주어 뇌가 활성화되도록 에너지를 공급하기 때문이다.

2. 단맛의 중독

단 것, 특히 탄소, 수소 및 산소로 구성된 유기화합물로서 단맛을 지니며 물에 잘 용해되는 물질인 설탕(α-D-glucopyranosyl-1,2-β-D-fructofuranoside, 분자식 $C_{12}H_{22}O_{11}$)을 섭취한 우리의 뇌는 달콤한 느낌과 더불어 에너지원을 공급받아 힘이 솟구치는 것 같은 환상의 느낌을 받는다. 또한 혈관의 수축작용으로 인해 세로토닌의 분비가 증가하는데, 세로토닌은 인간에게 포근함과 행복감을 느끼게 해 주어 일시적으로 불안과 위협의 감정인 스트레스에서 해방된 분위기가 연출된다.

문제는 섭취한 이후이다. 일단 이런 느낌에 사로잡힌 뇌는 혈당 수치가 떨어질 때마다 사탕, 초콜릿 등의 달콤한 설탕과 같은 탄수화물이 든 먹거리를 찾게 되고 이내 원하든 원하지 않든 단맛의 중독에 빠져 허우적대게 되는 것이다.

이와 같이 단맛은 우리의 입과 혀로 달콤함을 느끼는 바로 그 순간에 부족함을 극복하고 보충하려는 생체의 노력으로 '순간적 쾌락'이라는 정신적 달콤함을 준다. 이런 쾌락에 익숙해진 우리의 뇌는 점점 더 강렬하고 신속한 단맛을 더 자주 요구하게 된다.

3. 당분의 과잉 축적

채소·과일·해조류 등에 많이 들어있는 셀룰로스는 사람의 소화 효소로는 잘 소화되지 않고 몸 밖으로 배출되는 고분자 탄수화물인 식이섬유이다. 또 이런 음식들은 칼슘, 인, 마그네슘, 포타슘, 소듐, 염소 같은 미네랄을 다량 함유하고 있다. 그러나 설탕은 영양상 중요한 무기질 같은 성분은 함유하지 않으면서 오로지 달콤한 맛만 내는 탄수화물이므로 체내에서 분해하고 흡수되는 속도가 너무 빨라 혈당 수치가 순식간에 올라간다. 이와 같이 설탕은 혈액 속 당의 농도를 요동치게 만들어 각종 성인병의 원인이 되며 당분의 과잉 축적으로 인해 원하지 않는 비만을 초래하거나 위장질환과 같은 현대병을 일으키는 요인이 된다.

코데인(codeine)과 같은 중독성이 있는 마약처럼, 달콤한 맛은 그 중독성 때문에 2000년 이후 세계 각국에서 '정제당(糖) 절제 운동'이 일어나고

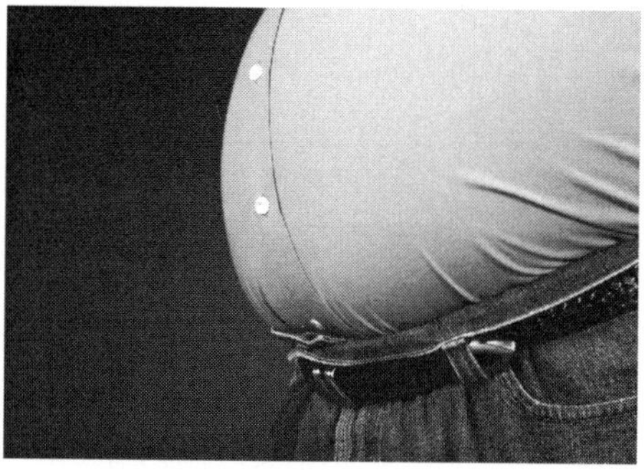

있다. 일례로 영국에서는 2018년부터 청량음료의 정제당 함유량에 따라 '정제당 세'를 부과하겠다고 밝히면서 설탕과의 전쟁을 공식 선언했다. 프랑스 정부는 2012년부터 콜라나 사이다 같은 탄산음료의 세금 도입을 제도화했고, 멕시코는 2013년부터 탄산음료에 10%의 '정제당 세'를 도입했다. 미국은 2015년부터 탄산음료와 냉차(冷茶)에 함유된 정제당 1온스(약 28.35g)마다 '정제당 세' 1센트를 부과하기 시작했으며 우리 정부도 정제당 줄이기에 전면적으로 나서고 있다. 미래에는 날씬한 사람만이 단맛 탐험을 공부할지도 모르겠다.

2 Chapter

맛

단맛, 쓴맛, 짠맛, 신맛, 매운맛, 감칠맛

1. 맛과 화학

그리스의 철학자 아리스토텔레스는 최초로 기본적인 맛에 대하여 언급하면서 단맛과 쓴맛 두 가지 맛만 존재한다고 주장하였다. 또 인도의 고대 의학인 아유르베다(Ayurveda)에서는 떫은맛, 쓴맛, 매운맛, 짠맛, 신맛, 단맛을 기본 맛으로 규정하였고 지금까지 이러한 이론에 대하여 별다른 도전이 없다.

1900년부터 과학자들이 인간 행복의 근원을 찾기 위해 체계적으로 다양하고 신비로운 인체의 비밀을 탐색하면서 혀의 특정 부분에 할당해 혀의 '네 가지 맛 지도'를 작성했다. 실험을 통하여 단맛은 혀끝, 신맛

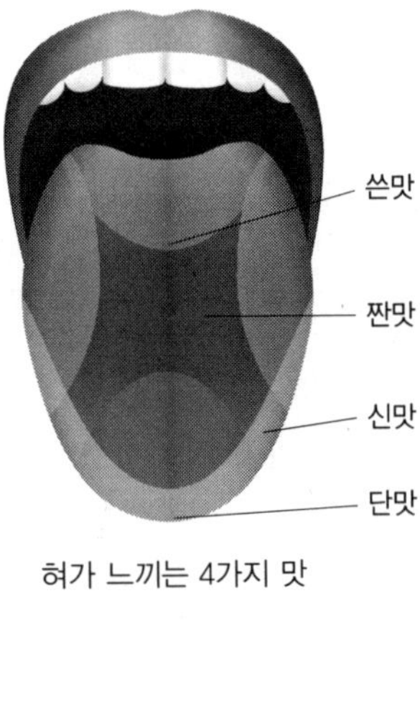

혀가 느끼는 4가지 맛

은 혀의 양옆, 쓴맛은 혀의 가장 안쪽 부분에서 느끼고, 짠맛은 거의 혀의 전 부분에서 느끼는 것으로 분석했다.

식품으로부터 얻어지는 맛은 주로 미각으로 표현되는데, 식품에 포함된 맛 성분이 미세포를 자극하면 미세포에 연결된 미신경을 통해 뇌로 자극이 전달되고, 맛을 느낄 수 있다. 미각은 나라에 따라 조금씩 다르게 분류되지만 우리나라에서는 쓴맛, 단맛, 신맛, 짠맛에 매운맛을 포함해서 다섯 가지 맛 혹은 조미료의 맛인 감칠맛을 더해 여섯 가지 맛으로 표현한다. 이 여섯 가지 맛은 음식이 혀의 점막에 녹으면서 느껴지기 시작하는데 음식의 온도, 음식 구성 성분의 상태(예, α-녹말과 β-녹말), 음식의 부드러움이나 딱딱함 등에 따라 맛이 다르며, 이와 같이 여섯 가지 맛을 내는 구성 성분의 화학적 구조 사이와도 밀접한 유기적(有機的) 관계가 있다.

2. 짠맛

소금과 같은 짠맛은 밥맛을 돋우는 역할을 하므로 약간의 소금은 우리의 식탁을 탐스럽게 만든다. 그러나 너무 많은 양의 소금, 즉 혓구역질 날 정도의 진한 짠맛이라고 인지되면 우리의 입이 가장 먼저 거부반응을 일으키게 되는데 그 이유는 바닷물 따위에 함유된 소금기 같은 염분을 지나치게 많이 몸속으로 빨아들이는 것을 방지하여 신체 이온의 균형을 이루기 위해서다.

염화 소듐(NaCl), 염화 포타슘(KCl)과 같은 이온 화합물은 대부분 짠

성분을 띠지만, 순수하게 짠맛만을 나타내는 것은 많지 않고 대개는 쓴맛과 짠맛을 동반한다. 일반적으로 짠맛은 주로 음이온에서 나타나며, 특히 음이온 중에서도 염소 음이온은 가장 강한 짠맛을 나타낸다.

염화 소듐(NaCl)이 가장 순수한 짠맛을 갖는 이유는 물에 잘 녹는 이온 화합물이기 때문이다. 물에 해리되면 양이온으로 소듐 이온이, 음이온으로 염소 이온이 발생되는데 염소 음이온은 다른 음이온과는 달리 쓴맛이 매우 적어 우리 입맛에 가장 이상적이다. 카복시기(−COOH)의 수소 원자가 금속 원자로 치환된 많은 유기산염의 맛도 당연히 음이온에 의한 것인데 이러한 유기산염의 예로 글루탐산소듐(글루탐산의 모노소듐염)의 짠맛도 먹는 소금의 짠맛과 거의 비슷하다.

3. 신맛

식초(초산, CH_3COOH)의 맛과 같은 시큼한 맛인 신맛은 생선회를 맛있게 먹을 정도의 적은 양이 있을 때는 단맛처럼 맛있게 느껴지지만,

양이 과다할 때에는 고개를 내저을 정도로 불쾌감을 주기도 한다. 이런 불쾌감은 오히려 우리 입에 맞지 않은 음식이나 상한 음식을 섭취하지 않도록 방지하는 이로운 효과를 주기도 한다.

다양한 특색이 있는 달콤한 것들이 많지만 신맛이 조금 가미된 눈깔사탕은 선풍적인 인기를 끌었다. 수용성 비타민의 하나이며 아스코르브산이라 하는 비타민 C를 포함한 소재들은 특히 신맛이 많이 난다. 신맛은 보통 수소 이온이 주는 맛으로 여겨진다. HCl 같은 무기산이나 CH_3COOH 같은 유기산이 물에 녹아 해리되면 수소 이온이 생성된다. 탄산수소소듐($NAHCO_3$) 같이 금속으로 치환할 수 있는 수소 원자를 포함하는 다양한 염 또한 물에 녹아 수소 이온을 생성할 수 있다. 그러나 신맛의 강도와 수소 이온의 농도는 반드시 일정하게 비례하는 것은 아니며, 물에 의해 이온화되지 않은 다양한 산 분자(酸 分子)들 또한 관계한다.

산과 산성염이 물에 녹아 해리(解離)되면 양이온인 수소 이온과 동시에 음이온으로 나누어지며 신맛의 강도도 수소 이온의 영향을 받는다. 일반적인 예로 동일 농도에서 각종 산, 즉 염산, 락트산, 폼산, 아세트산, 시트르산, 말산이 있다면 해리된 산의 신맛 강도는 산이 세기가 약해지

는 순서인 염산, 폼산, 시트르산, 말산, 락트산, 아세트산의 순서로 약할 것이다.

과일 속에 존재하는 부드러운 신맛이 먹기에 좋은 이유는 강산이 아니라 약산인 시트르산, 말산, 타르타르산 등의 유기산을 함유하기 때문이다. 유기산이 아닌 무기산의 신맛은 일반적으로 무척 강한 불쾌감을 준다. 맛들은 온도에 꽤 민감한데 신맛 또한 온도가 상승하면 다소 증가하는 경향이 있다.

4. 단맛

달콤한 맛은 다른 맛과 다르게 맛의 농도와는 관계 없이 맛의 질이 높으며 상쾌하고 즐거운 느낌을 준다. 따라서 우리 몸의 상태를 구분하지 않고 감성(感性)을 만족시키고 높은 농도의 당분을 인체 내에 받아들이게 만든다.

탄수화물 중에서 비교적 분자량이 적고, 물에 녹아서 단맛이 나는 화합물인 당류는 당의 종류에 따라 단맛의 정도가 달라진다. 또 같은 당이라고 해도 삼차원 공간에서 분자의 구조, 즉 고리에 치환되는 작용기들이 치환된 위치에 따라 α, β로 나누어지며 이 형태 변화에 따라서 당도가 완연히 달라진다. 예를 들면 과당(fructose)의 β형은 α형의 3배, 포도당(glucose)의 1.5배의 단맛 강도를 갖는다.

보다 구체적으로 단맛과 당의 삼차원 입체구조의 관계를 밝히자면 이렇다. 당의 화학구조에 존재하는 카르보닐수산화기와 그다음 위치의

수산화기가 모두 같은 쪽으로 존재하는 시스 구조의 당이, 두 수산화기가 서로 반대쪽으로 존재하는 트랜스 구조의 당보다 단맛이 강하다. 또한 일반적으로 분자 구조상 수산화기(–OH)와 같은 친수기(親水基)를 많이 갖는 당이 강한 단맛을 나타낸다. 당은 아니지만 단백질 구성물질의 저분자량의 단위체인 아미노산 중에도 강한 단맛을 지닌 것이 많다.

당(糖) 이외의 필로둘신, 만니톨 등 식물에서 유래한 단맛 성분들이 많이 있으며 합성 감미료로서는 사카린, 둘신 등의 많은 인공 감미료가 합성되어 존재 가치를 넓히고 있다.

5. 쓴맛

맛의 감수성이 신맛, 짠맛, 단맛에 비하여 비교적 높은 쓴맛은 맛 중에 가장 달갑지 않고 싫거나 언짢은, 아주 불쾌한 느낌을 주는 맛이다. 이는 대부분의 독성 물질이 토할 정도의 쓴맛을 내기 때문에 독극물을 쉽게 섭취하지 못하도록 하는 효과가 있다. 하지만 쓴맛을 단맛처럼 즐기는 사람도 있다.

대표적으로 키니네가 쓴맛을 띠는 물질이다. 여러 사람이 맛을 보고 그 정도를 수치로 표시하는 방법인 미각시험을 할 때는 키니네를 염산에 반응시켜 만든 바늘 모양의 흰 가루인 염산키니네가 쓰이며, 이는 물과 알코올에 아주 잘 용해된다. 쓴맛은 주로 혀의 안쪽 깊은 부분에서 느껴지며, 쓴맛을 가진 대표적인 구성물질로는 알칼로이드·배당체·담즙산 등의 유기 물질들과 마그네슘·칼슘 등의 무기염이 있다.

쓴맛이 나는 물질들은 일반적으로 물에 잘 녹지 않아 화학 변형을 통해 물에 잘 녹는 물질로 변화시켜 사용한다. 또한 다른 기본적인 맛인 단맛, 신맛, 짠맛에 비하면 미각을 느낄 때까지의 시간이 무척 오래 걸리고 우리들의 혀에 현기증을 유발할 정도로 오랫동안 잔류하는 특성이 있다.

흥미롭게도 쓴맛을 매개하는 단백질 수용체인 거스트듀신(gustducin)의 유전자 기능을 파괴한 쥐들은 쓴맛 자극에 대한 반응이 현저히 감소하는 반면에 짠맛이나 신맛을 느끼는 데에는 전혀 변화가 없었다. 이런

실험을 통해 산이나 소듐 이온이 직접 세포막을 자극하여 전달되는 짠맛이나 신맛의 맛 자극 반응 방법(mechanism)과 쓴맛이 작용하는 자극 반응 방법이 다르다는 것을 알 수 있다.

쓴맛을 주는 이온에는 마그네슘 이온, 칼슘 이온 등이 있으며 원자단으로는 황 원자(S)가 들어있는 R−SH, R−S−S−R, R−S−R, R=CS 등과 질소 원자(N)가 들어있는 $R(NO_2)_\chi(\chi>2)$, N≡C−R, RCH=NH 등이 알려져 있다. 식품과 관계있는 쓴맛을 내는 물질들은 많이 존재하며 카페인, 루틴, 타닌, 테오브로민 등이 여기에 속한다.

6. 감칠맛

식욕을 돋우는 맛깔스러운 맛인 감칠맛은 고기 맛(영어로 meaty 또는 savory)으로 표현되며 치즈, 해산물, 간장, 고기 삶은 물 등 여러 가지 발효식품 및 토마토, 곡물, 콩류 등에서도 느껴진다.

1908년 일본의 과학자들이 처음으로 언급하였으며 동남아에서는 옛날부터 감칠맛이 중요하게 여겨져 왔으나 서양에서는 비교적 최근에 와서

야 관심을 나타내고 있다. 감칠맛이 식욕을 돋우며 증진시키는 효과를 주기 때문에 특히 고기와 같은 단백질이 풍부한 음식을 섭취하도록 도와주는 도우미 역할을 한다.

식품의 풍미를 돋우기 위해 쓰는 MSG는 향미증진제로 1908년에 개발돼 강한 감칠맛을 낸다. 이 맛을 나타내는 성분으로는 시중에 판매되는 다시다의 성분인 L-글루탐산 모노소듐, 녹차의 성분인 L-글루탐산 에틸아마이드, 가다랑어 육수의 구성 성분인 이노신산 히스티딘염, 조미료와 청주 속에 있는 숙신산 소듐, 생선 살에 포함되어있는 트라이메틸아민옥사이드 등 여러 물질이 있다.

입안의 침을 고이게 하는 감칠맛은 인간이 혀로 감지할 수 있는 단맛, 신맛, 짠맛, 쓴맛 외의 제5의 미각으로 우마미(umami)라는 새로운 맛으로 인정되었다. 감칠맛과 MSG의 발견자인 일본 화학자 '이케다 기쿠나에(池田菊苗)'가 해조류 국물에 들어있는 글루탐산($C_5H_9NO_4$) 성분이 감칠맛을 낸다는 것을 처음으로 발표했으며, 이 감칠맛에 일본어로 맛있다는 의미인 '우마(うまい)'를 붙여 우마미라고 불렀다.

흥분성 신경전달물질인 글루탐산을 소듐염의 매우 안정한 물질로 탈바꿈한 MSG(monosodium glutamate)는 현재 조미료의 대명사처럼 국과 반찬 등에 쓰이고 있다. 주재료인 식품에 첨가되어 음식의 맛을 돋우며 조절하는 물질을 조미료라고 한다. 이런 조미료에는 MSG 외에도 소금, 설탕, 식초 등이 있다. MSG는 특히 우리나라 사람들이 즐기는 중국 요리에 많이 함유되어 있어 중국 음식을 더욱 맛깔나게 만들어 주지만, 너무 많이 첨가하면 음식의 맛이 밍밍해지며 다소 두통을 야기할 수도 있다.

7. 미각

미각(味覺)은 오감(五感) 중의 하나로써 음식과 무기물질 등의 맛을 느낄 수 있는 능력이다. 인간은 혀의 표면에 위치한 감각 세포가 몰려있는 기관인 미뢰를 통하여 미각을 감지한다. 인간이 느낄 수 있는 기본 맛으로는 단맛, 쓴맛, 신맛, 짠맛, 감칠맛의 다섯 가지가 있다. 즉, 우리가 느낄 수 있는 맛은 다섯 가지만 있는 것이다.

포도 맛, 사과 맛과 같은 것은 맛이 아니라 코의 후각상피에서 느끼는 향(香)이다. 매운맛과 떫은맛 등은 촉각에 의하여 느껴진다. 즉, 매운맛이나 떫은맛과 같은 감각은 미각세포에서 느끼는 것이 아니고, 통증 신경이나 촉각 신경에 의하여 느껴지는 작용이다.

특히 알알하고 지독한 기분이나 느낌이 드는 매운맛은 대체로 매우 자극적이지만 식욕을 증진시키고, 영양분을 섭취하고 배출하는 신진대사를 활성화시키는 효과가 있다. 매운맛은 입안의 혀가 느끼는 고통을 최대한 오래 끌거나 잘 견디게 만드는데, 이런 고통은 아리듯이 쑤시고 아픈 통증과 동일한 압박감 같은 것이다.

맛이 알알한 매운 고추를 먹으면 처음에는 화끈거리고 따갑다가 순식간에 입안이 얼얼해지는 것을 느낄 수 있다. 이것은 통증 신경세포가 두 단계로 대뇌에 신호를 전달하기 때문이다. 첫 단계는 매운맛을 느끼자마자 순식간에 대뇌로 위급 상황에 대한 경보 신호를 보내는 것이며 순간적으로 고추를 먹고 나서 느끼는 통증인 지연 통각에 의해 얼얼해지는 것이 두 번째 단계이다.

거세고 텁텁한 맛인 떫은맛은 맛이라기보다는 입안의 점막이 오그라들거나 줄어드는 느낌을 말한다. 주로 작용기로 여러 개의 수산화기를 포함하는 방향족 알코올인 폴리페놀이 많이 함유된 음식에서 떫은맛이 느껴진다. 폴리페놀은 작용기인 여러 개 수산화기의 생화학 작용에 의해 혀의 점막 단백질과 가역 과정 결합을 강하게 하여 점막을 놀래키며 수축시킨다.

타닌은 떫은맛을 내는 대표적인 성분으로 단백질 또는 다른 거대 분자와 강하게 착화합물을 형성하는 식물성 폴리페놀이다. 우리는 이런 떫은맛과 매운맛 그리고 쓴맛 등과 함께 어우러져 느껴지는, 상당히 불쾌하고 혀끝을 찌를 듯이 알알한 느낌을 아린 맛이라고 한다.

서늘한 기후에서 자란 잎과 줄기의 향이 진한 박하를 먹으면 입안이 시원해지는 느낌을 받는데, 이는 멘톨(menthol)과 같은 박하의 정유 성분이 침에 녹을 때 입안의 열을 흡수하여 입안 점막의 온도가 일시적으로 낮아지기 때문이다. 그러나 순간적으로 차가운 느낌을 주다가 이내 타는 듯한 느낌의 화끈거림과 통증을 유발하는 작열감도 나타낸다. 최근에는 박하의 정유 성분인 멘톨과 아세틸멘톨(acetylmenthol) 같은 멘톨의 유도체들이 냉기를 느끼는 신경을 직접 자극한다는 것과 소화효과 및 항균효과 등의 효능이 있다는 것도 밝혀졌다.

자작나무 식물에서 추출한 천연 감미료로써 설탕과 비슷한 단맛이 나고 당도도 설탕과 비슷한 자일리톨 또한 단맛과 함께 시원한 느낌의 냉감을 유발하기 때문에 성질이 차고 서늘한 것을 나타내는 찬 맛(cooling taste) 혹은 청량미라고 표현할 수도 있다. 그러나 엄밀히 말하자면 피부에 있는 감각점에 의하여 느끼는 감각인 피부감각의 일종인 온각과 냉각의 온도감각일 뿐이다.

3 Chapter

신맛

1. 식품의 산

'신맛'을 내는 대표적인 물질로 시트르산이 있다. 시트르산의 화학식은 $C_6H_8O_7$이고 분자량은 192 g/mol(무수물. 물 분자를 제거한 물질)이며 희색의 결정성 고체이다. IUPAC(국제 순수 및 응용화학 연맹, International Union of Pure and Applied Chemistry)의 명명은 2-Hydroxypropane-1,2,3-tricarboxylic acid이다.

식초의 맛인 신맛은 수용액에서 이온화하고 있는 수소 이온에 의하여 나타나며 수소 이온의 농도에 의해 진하거나 약한 신맛이 난다. 천연에 존재하며 식품의 신맛을 내는 산에는 식초산, 비타민 C(ascorbic acid), 락트산, 타르타르산, 시트르산 등이 있으며 이런 유기 화합물인 유기산이 대부분 산성을 나타낸다.

일반적으로 신맛은 이온화된 수소 이온 농도가 적은 양이 있을 때는 나름 맛있게 느껴지지만, 이온화된 수소 이온 농도가 너무 많은 양이 있을 때는 상당한 불쾌감을 준다. 물론 그렇지 않은 사람도 있겠지만, 이런 불쾌한 거부감은 우리에게 세균, 기생충, 독소 등의 유해물질에 오염된 상한 음식을 섭취하지 않도록 하는 거부 효과를 갖게 한다.

유기산 중에서도 수용성의 무색 결정체인 숙신산(succinic acid)과 생체 내에서 중요한 역할을 하는 이노신산(inosinic acid) 등은 신맛 이외에 가다랑어포, 육류의 맛 같은 독특한 맛을 나타내는데 이는 이온화된 수소 이온 농도와 대응 관계에 있는 음이온의 농도가 상당히 중요한 영향을 나타내기 때문이다.

2. 시트르산

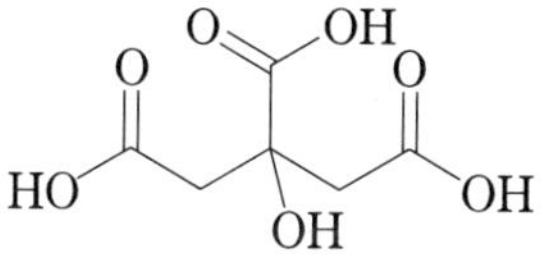

시트르산의 구조

천연 방부제인 시트르산은 약한 유기산이지만 순물질에 가까운 시트르산에 노출될 경우, 흡입 시에는 기침, 호흡곤란, 목의 통증 등을 유발하며 과다섭취하면 복통과 목의 통증 등을 유발할 수도 있다. 피부와 눈 등이 농도가 높은 시트르산 수용액에 노출되는 경우에도 피부가 붉게 변하거나 혈액이 피부 하층부에 고이는 현상인 발적과 통증이 생길 수 있

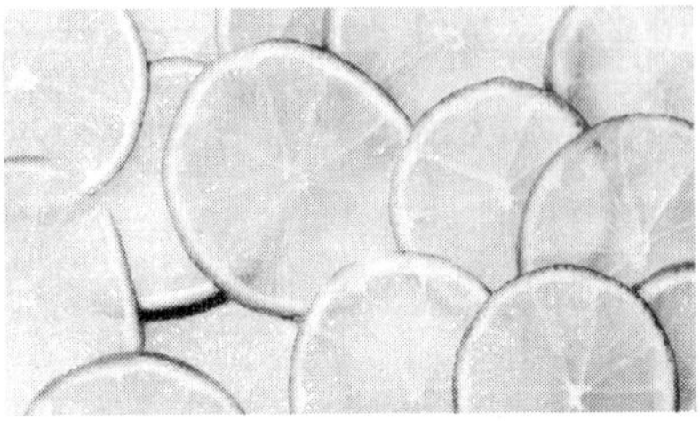

으며, 빈번하지 않지만 장기간 또는 반복적으로 섭취하면 치아의 표면을 덮어 상아질을 보호하고 있는 단단한 물질인 사기질이 침식될 수 있다.

구연산(枸櫞酸)으로도 불리는 시트르산은 각종 과일에서 주로 발견되는 약한 유기산이며, 산소 호흡을 하는 생물의 대사 과정, 즉 아미노산, 지방, 탄수화물 따위가 분해하여 발생한 유기산이 산소 호흡으로 산화하는 경로로 크렙스 회로라고도 불리는 시트르산 회로의 중간 대사물이다.

3. 시트르산 회로

시트르산은 동물, 식물, 세균의 신진대사의 핵심 중간체이며 에너지 생산에 중요한 대사 회로인 삼카복실산 회로(TCA cycle)인 시트르산 회로의 중간 대사물이다. 시트르산 회로의 첫 번째 단계에서는 생체 촉매 역할을 하는 시트르산 생성 효소(citrate synthase)가 옥살아세트산(oxaloacetic acid)과 아세틸-CoA(acetyl coenzyme A)를 축합하여 시트르산을 생성한다. 다음 단계에서 시트르산은 아코니테이스(aconitase)의 기질로 작용하여 유독성 물질이며 유기산인 아코니트산으로 전환되며,

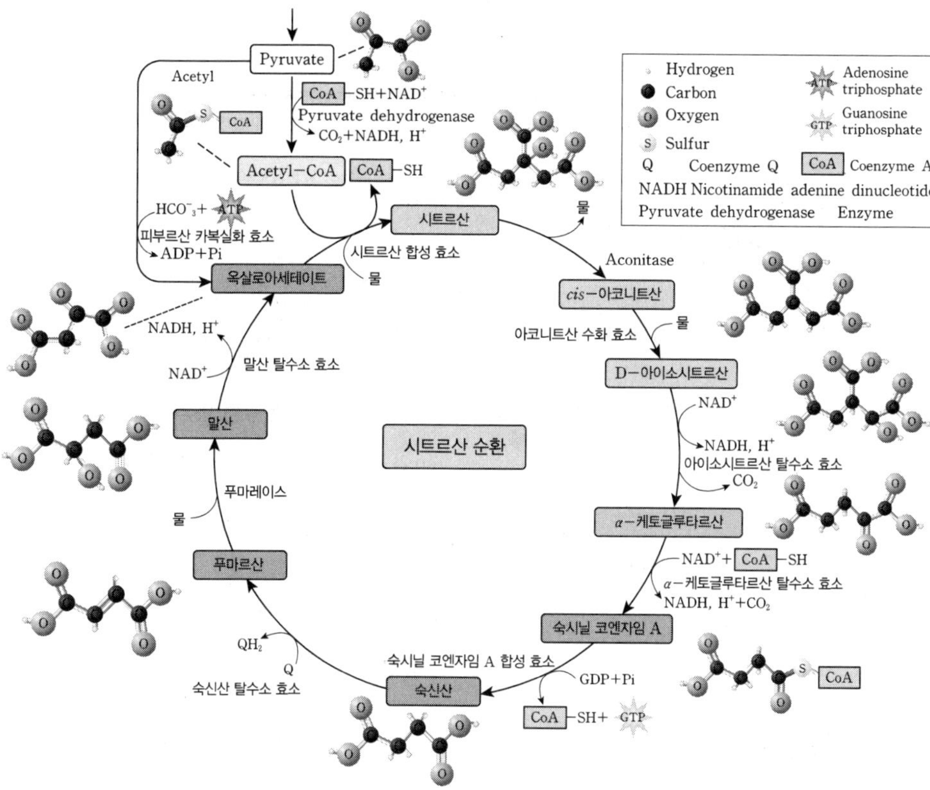

시트르산 회로

다시 회로에서 옥살아세트산을 재생성하며 거듭해서 되풀이되며 순환된다. 이러한 일련의 생화학 반응은 먹은 음식물로부터 영양소를 산화시켜 생체 내에서 사용할 수 있도록 화학 에너지를 ATP의 형태로 생산하는 순환 회로이다.

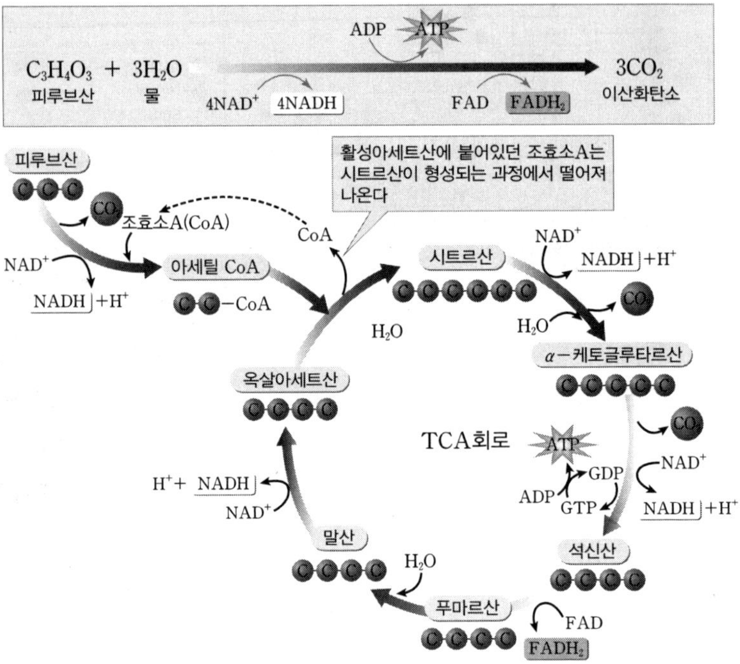

독일에서 태어난 영국의 생화학자인 핸스 애돌프 크렙스 경(Sir Hans Adolf Krebs)은 감귤류에 많이 존재하는 시트르산 발견에 대한 공로로 1953년 〈노벨 생리의학상〉을 수상했으며 시트르산은 해마다 수백만 톤 이상 제조된다. 주로 천연 보존제나 향료 그리고 음식이나 음료수에 신맛을 첨가하기 위해 가공하는 약물로 사용된다. 또한 위의 산도를 증가시키기 위하여 사용하는 산성화제나 금속 이온과 배위 결합하여 여러 자리 리간드 화합물을 만드는 킬레이트제로 활용하고 있다. 천연 방부제이며 약한 유기산이라는 특징 때문에 환경친화적인 청소제로도 쓰이는데 커피포트 등에 부착되어 굳어 있는 석회 성분(산화 칼슘, 수산화 칼슘)을 많이 포함하고 있는 물질인 석회질을 녹이는 용도로도 사용된다.

4. 시트르산의 효능

크렙스는 시트르산의 효능을 또한 발견했으며 이를 통해 그는 우리 몸의 피로를 푸는 실마리를 찾았다. 즉 시트르산 회로의 중심 구성 물질인 시트르산이 TCA 회로의 물질들을 충분히 공급해 산소 호흡을 계속 진행하면, 인체 내의 유기산이며 피로를 유발하고 노화를 진행시키는 젖산(락트산)의 축적을 막아낼 수 있다. 그는 이러한 골자의 '시트르산 회로 이론'을 밝혀낸 공로로 노벨상을 받았다.

약간의 신맛은 입안을 개운하게 하여 입맛을 돋우고 건강에도 도움이 되는데 피로와 스트레스를 해소할 뿐만 아니라 면역력을 강화하는 데도 큰 효과가 있다. 실제로 일반적인 신맛의 효능은 혈관 벽에 쌓여 심혈관 질환과 뇌혈관 질환을 일으켜 동맥경화를 유발하는 나쁜 콜레스테롤인 저밀도지단백 콜레스테롤(low density lipoprotein cholesterol)을 억제하여 혈류를 개선하므로 혈액순환 개선 및 심혈관 질환 예방에 도움을 준다. 또한 체내 노폐물을 배출하고 피로를 풀어주며, 이자에서 분비되어 우리 몸의 물질대사에 중요한 역할을 하는 단백질성 호르몬인 인슐린 상승 작용을 억제한다. 결론적으로 신맛은 몸에 쌓인 재활용할 수 없는 노폐물을 배출시키는 작용을 해서 피로를 풀어주며, 혈액 속에 함유된 포도당을 의미하는 혈당을 천천히 높이고 위의 포만감을 오래 유지할 수 있게 도움을 준다.

앞서 언급했듯이 인체에서 많은 역할을 하는 신맛은 주로 반찬을 만들 때 많이 쓰는 식초와 보리와 메밀 등의 곡식과 오렌지, 포도, 딸기 등

의 과일과 부추, 깻잎 등의 채소에 들어있는 유기산 등에서 느낄 수 있다. 우리는 기호식품들을 통하여 신맛을 섭취하며, 이는 인체 내의 칼슘과 철분의 흡수를 높여 몸에 좋은 효능을 나타내고 있다.

4Chapter

퀴닌의 쓴맛

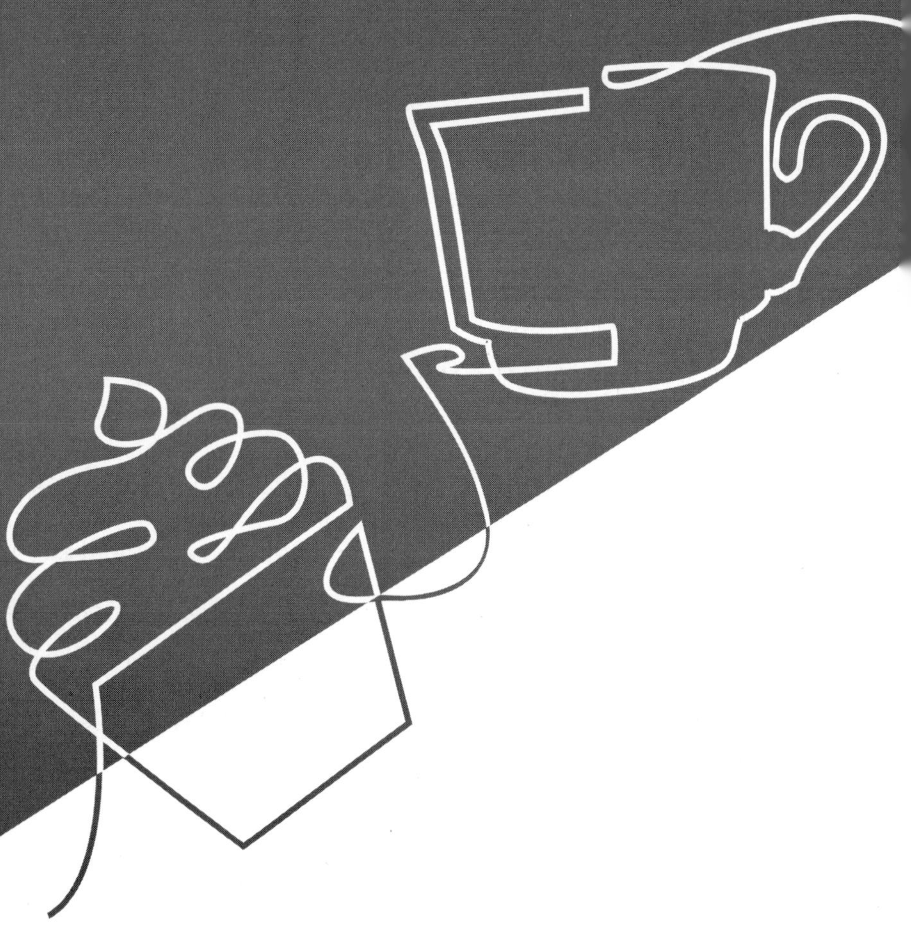

1. 퀴닌의 쓴맛

맛을 느끼는 감각인 미각 중에서 쓴맛을 내는 일반적이며 가장 대표적인 물질로는 퀴닌이 있다. 미각시험을 할 때는 퀴닌이 물에 잘 용해하지 않기에 염산으로 염을 만들어 합성된 염산키니네를 사용한다. 그 화학식은 $C_{20}H_{24}N_2O_2$이며 분자량은 324이다. 요즘도 가끔 민간에서는 아기들에게 수유를 중단시킬 때 유두에 키니네를 발라서 아이에게 젖을 끊는 하나의 방법으로 이용했을 정도로 매우 쓴 물질이다.

독성과 자극성이 강한 퀴닌은 남미 원산의 키나나무의 수피(樹皮)에 함유되는 키나알칼로이드 중 대표적인 성분이며 이외에도 많은 알칼로이드에 함유되어 있다. 퀴닌은 퀴놀린 유도체인데 몇 가지 합성된 퀴놀린 유도체는 항말라리아제로 사용되고 있으며 항말라리아 활성은 키니네보다 강하다.

알칼로이드는 질소를 함유하는 염기성 유기화합물이며, 식물에 널리 분포하고, 동물의 체내에서도 매우 특이하면서도 강한 생리작용을 나타낸다. 이러한 알칼로이드 중에서 특히 키니네는 세포에서 능동수송으로 에너지 물질을 취하고 대사물질을 배출하며 항상성(恒常性)을 유지하면서 활발한 생명 활동을 영위하는 원형질에 부작용과 독 작용을 나타내

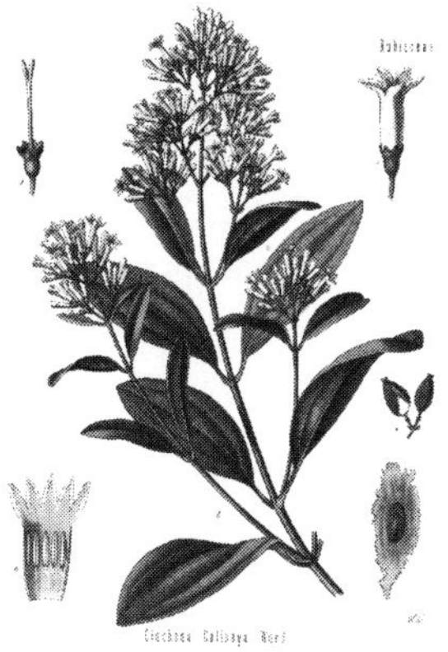

비선택적 작용의 경향이 아주 강하다. 이런 생리 활성 효과로는 항(抗)말라리아 작용, 자궁수축 작용, 원형질 독 작용, 국소자극 작용, 해열진통 작용 등이 있다. 또한 식물 추출물로 신경근 접합부에서의 신경 흥분의 전달을 정지시키는 큐라레(curare, 인디언의 화살 독 성분)와 같은 효과와 적혈구를 용해시키는 용혈작용 등을 한다.

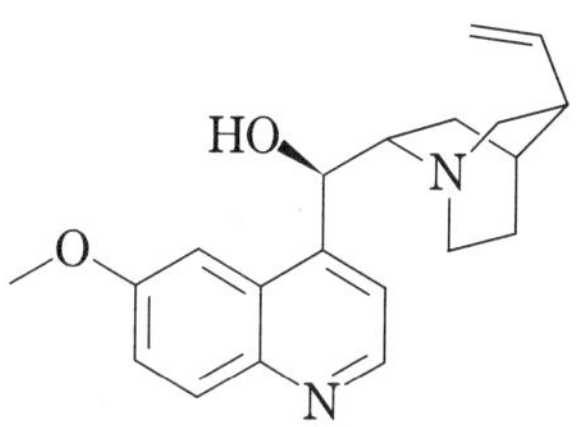

퀴닌 구조

키니네의 맛은 세상의 괴로움을 연상시키는 쓴맛의 일반적으로 인정된 기준으로 이용된다. 앞서 언급했듯이 식물에서 쓴맛을 내는 것으로는 많은 알칼로이드가 있고, 동물에서는 두 개 이상의 아미노산이 펩타이드(peptide) 결합(amide 결합)에 의하여 결합되어 있는 여러 종류의 펩타이드가 가공식품으로 쓴맛을 내는 경우가 많다. 돌이나 흙을 구성하는 광물에서 얻을 수 있는 물질을 의미하는 무기물로는 마그네슘이나 칼슘염이 달갑지 아니하고 싫거나 언짢은 느낌의 쓴맛을 가진다.

2. Quinine의 합성

Quinine의 합성은 로버트 번즈 우드워드(Robert Burns Woodward) 그리고 윌리엄 도어링(William Doering)에 의하여 수년의 연구 끝에 이루어졌다. 당시에는 화학 이론이 체계화가 되지 않은 상태에서 합성이 이루어져서 입체 화학에 의한 광학 이성질체의 존재는 무시되었다.

〈Woodward-Doering formal quinine total synthesis〉에서는 3-hydroxybenzaldehyde를 출발 물질로 하여 16단계의 어려운 화학 반응을 거쳐서 Quinine의 합성이 이루어진다.

또 하나의 Quinine 합성법은 길버트 스토크(Gilbert Stork)에 의한 〈Stork quinine total synthesis〉이다. (S)-4-vinylbutyrolactone을 출발 물질로 하여 어려운 화학 반응 16단계를 거쳐서 이루어진다.

이 두 가지 전(全)합성법 모두가 뛰어난 화학자들의 집념과 노력에 의하여 이루어진 위대한 업적으로 평가되고 있다.

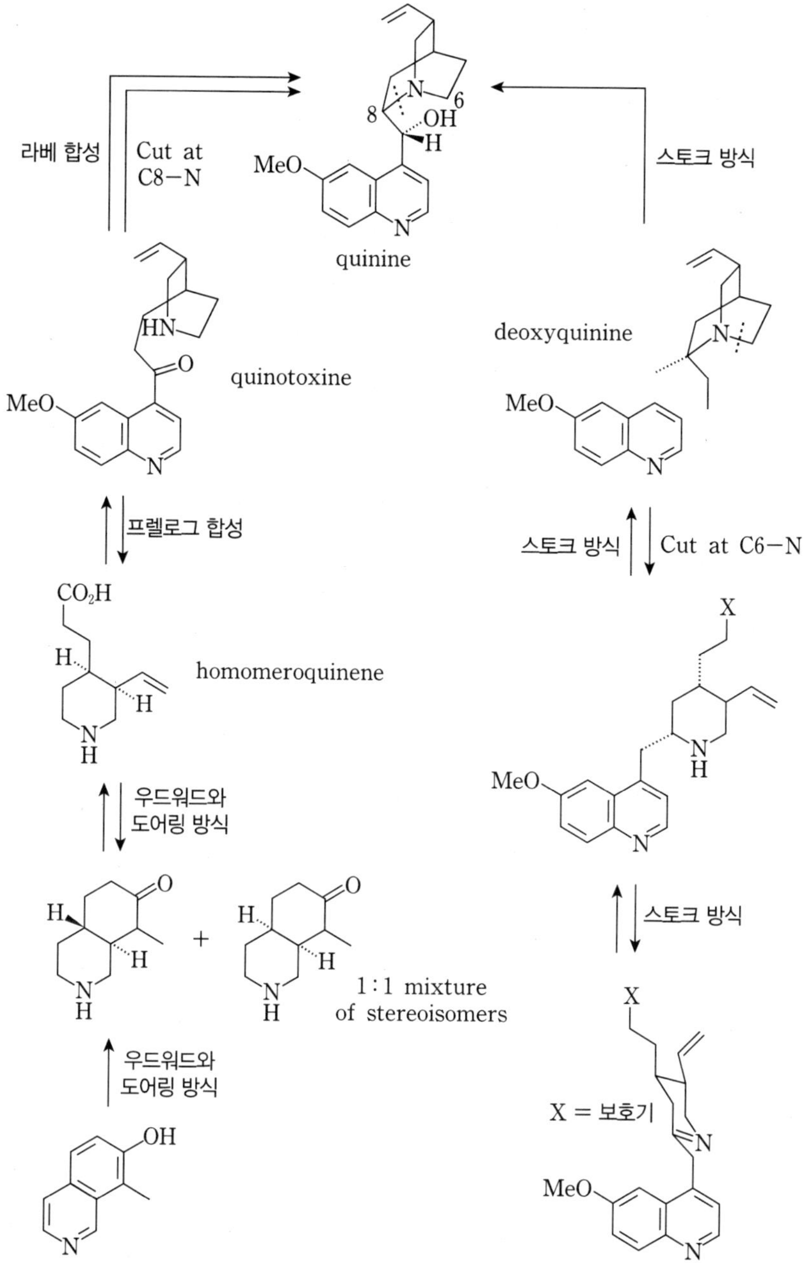
quinine
라베 합성
Cut at C8−N
스토크 방식
quinotoxine
deoxyquinine
프렐로그 합성
스토크 방식
Cut at C6−N
homomeroquinene
우드워드와 도어링 방식
스토크 방식
1:1 mixture of stereoisomers
우드워드와 도어링 방식
X = 보호기

3. 쓴맛의 감수성

쓴맛의 외부 자극을 받아들이고 느끼는 감수성은 신맛, 짠맛, 단맛에 비하여 아주 높다. 쓴맛을 갖는 물질은 앞의 많은 예를 통해 알고 있듯이 대단히 많은데 그중에는 독성이 매우 강하여 생물이 치사량이 넘게 흡입하면 죽게 되는 alkaloid 등의 독극물도 있다.

독극물들은 대부분 강한 쓴맛을 띠기 때문에, 먹는 순간 매우 싫거나 언짢은 느낌을 주고 삼키기 직전에 구토를 유발한다. 즉, 독극물의 위해로부터 모면할 수 있는 두려운 느낌의 순간을 준다. 이 경우 역겨운 쓴맛을 감지하는 것 자체가 우리 자신에 있어 확실한 자기방어 전략이 된다. 우리가 먹는 음식 중에 느끼는 쓴맛은 그 맛을 기피하는 쪽으로 작용하기보다는 오히려 맥주, 커피, 초콜릿 등에 가미하여 식품의 맛에 조화를 주기 위한 향미 요소의 중요한 역할을 한다.

단맛·신맛·짠맛에 비하면 쓴맛은 미각을 느낄 때까지의 시간이 길며 맛이 오래 남아있지 않는 특색이 있다. 이 달갑지 않은 쓴맛의 뒷맛을 없애주는 데는 단맛이 뛰어난 효과를 나타낸다. 사람에 따라 다소 다르지만 쓴맛은 단 하나의 맛으로는 아주 불쾌한 경우가 많으나, 다른 맛에 어우러져 소량이 느껴지면 부드러운 맛의 조화로 아주 독특하며 묘한 맛을 준다.

4. 의약적 용도

퀴닌은 약학 분야에서도 다양한 임무를 수행한다. 대부분의 퀴닌 황산염과 염산염들은 말라리아 특효약으로, 중추성으로 작용하는 것이 아니라 주로 말초성으로 작용하여 물질대사와 근육활동을 억제하여 열의 발생을 줄이는 해열제로 사용된다. 또한 강한 쓴맛에도 불구하고 건위제나 진통제로도 사용하고 있다.

염산으로 생성된 염인 염산퀴닌의 쓴맛에 대한 역치는 30ppm(Part Per Million, 백만 분의 일)이다. 퀴닌의 약리 활성 작용기전을 살펴보면 말라리아 병원충(plasmodium)의 무성생식에 의하여 생기는 포자체인 메로조이트(merozoite)에만 작용하고 자극적인 냄새를 가진 액체로 생체 물질대사의 매우 중요한 중간 물질인 피루브산(pyruvic acid)의 세포호흡에 의한 ATP를 생성하는 과정인 호기적 산화(aerobic oxidation)를 저해한다.

5 Chapter

짠맛

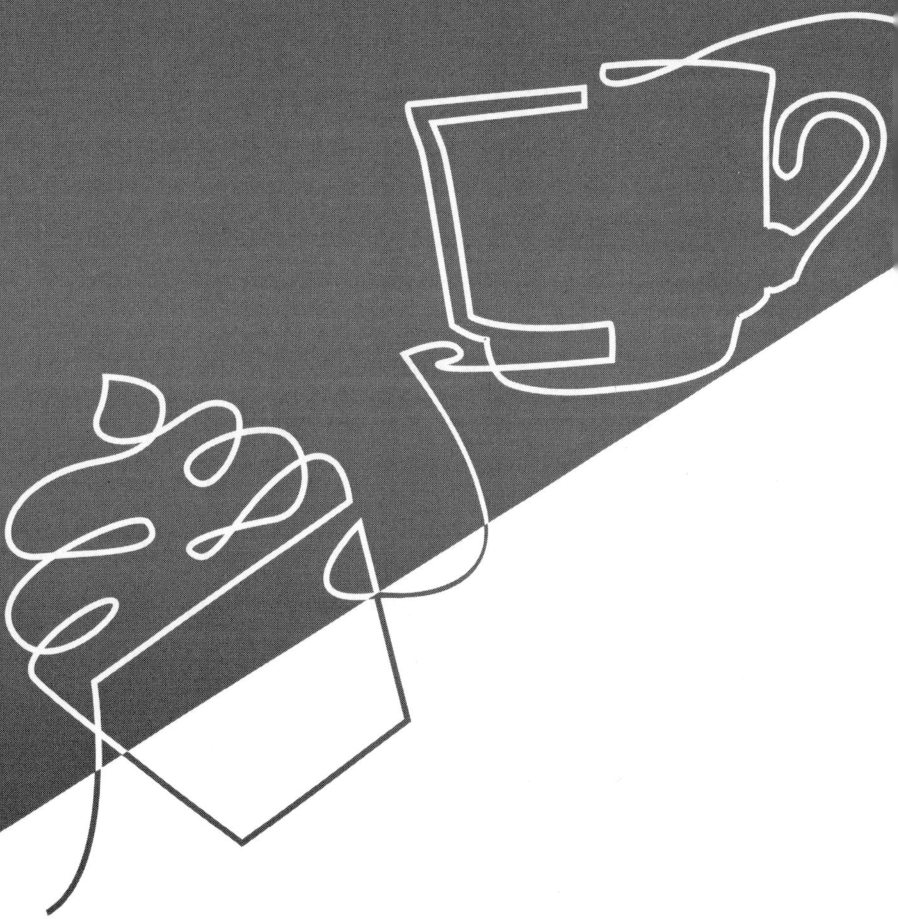

1. 조미의 기본 맛

소금은 염화 소듐을 주성분으로 하는 백색 결정체이며 짠맛이 난다. 그 화학식은 NaCl이며 분자량은 58이다. 소금의 맛인 짠맛은 우리가 먹는 대부분의 요리에서 맛을 좋아지게 만드는 기본이 되는 맛이면서 섭취하는 사람에 따라 다르지만 음식물을 섭취하려는 욕구를 일으키는 효과가 있다. 그러나 짠맛을 불편할 정도로 과다하게 섭취하면 우리 신체가 거부 반응을 일으키는데 이는 염분(鹽分)과 같은 짠맛의 물질을 과도하게 섭취하는 것을 방지하여 우리 몸의 완충 용액이 균형을 유지하도록 하려는 목적이다.

맛 조절에 관한 조미의 소금 농도는 사람마다 맛의 인지 정도에 따라 약간의 차이는 있지만 대개 액체인 음료수에는 0.8~1%, 조림에는 1.5~2%가 가장 적절한 농도이며, 소금 이외에 간장(소금 농도 15~17%)과 된장(소금 농도 6~13%) 등을 사용하여 음식의 간을 맞춘다. 또한 짠맛인 소금을 몸 안으로 받아들이는 양을 줄일 목적으로 소금(NaCl)의 일부를 염화 포타슘(KCl)으로 치환한 제품도 마트나 식품점에 있는데 이것은 염화 이온(Cl^-)과 결합한 양이온(Na^+, K^+ 등)에 따라 짠맛의 강도에 어느 정도 영향을 받기 때문이다.

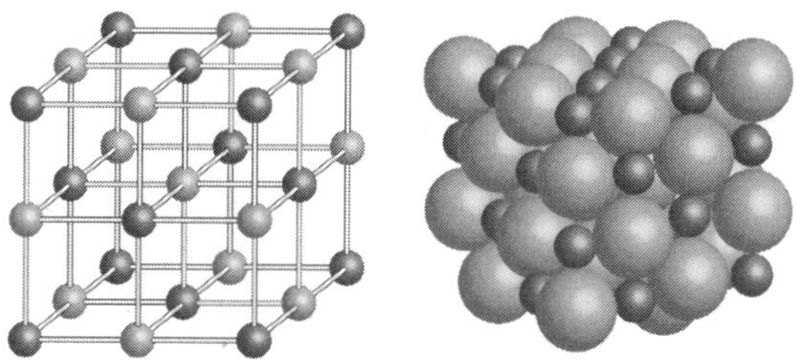

소금(NaCl)의 구조

가장 정통적이며 순수한 짠맛을 보이는 것은 소금이며 다른 염류는 대부분 쓴맛도 동반한다. 일반적으로 짠맛이 강한 것은 NaCl, KCl, NH_4Cl, LiCl 등이 있으며, 짠맛과 쓴맛이 같은 정도의 비율인 것은 KBr, NH_4I 등이 있다. 짠맛보다 쓴맛이 더 우세한 것은 CsCl, RbBr, KI 등을 들 수 있다. 과학적으로나 영양학적으로 볼 때 염들의 짠맛의 강도는 물에 의해 해리된 양이온에 의해서 결정되고 짠맛의 질(質)은 물에 의해 해리된 음이온에 의존한다. 좀 더 세밀한 맛 분석에 의하면 할로젠화(F, Cl, Br, I) 알칼리족(Li, Na, K, Rb, Cs)에 속하는 물질에서 비교적 분자량이 작은 것은 짜거나 맵지만, 상대적으로 분자량이 큰 것들은 다소 맛이 쓴 것을 알 수 있다.

2. 생명 유지에 필수적인 무기질, 소금

백색 결정이며 짠맛을 가진 소금은 우리가 생명을 유지하는 데 필수적인 무기질 중의 하나이며 음식의 맛을 맞추거나 내는 조미료로써 먼 옛날부터 사용되어 왔다. 인간이 짠맛의 소금을 사용하기 시작한 것은 기원

전 7000년경으로 추정하고 있다. 목축을 주요한 생활 수단으로 물과 풀밭을 찾아 떠돌아다니며 유목 생활을 하던 원시시대에는 가축의 젖이나 고기를 먹음으로써 그 속에 함유되어 있는 소금 성분을 자연스레 섭취할 수 있었다. 그러나 점차 논밭을 갈아 농작물을 심고 가꾸며 정착 생활을 하는 농경 사회로 바뀌면서 육류가 아닌 곡류나 채소를 위주로 먹게 되었고, 따로 소금을 섭취해 줄 필요가 생기게 되었다.

식사 중 소금 섭취량

미국 기준 섭취 방식에 따른 상대적인 소금 섭취량

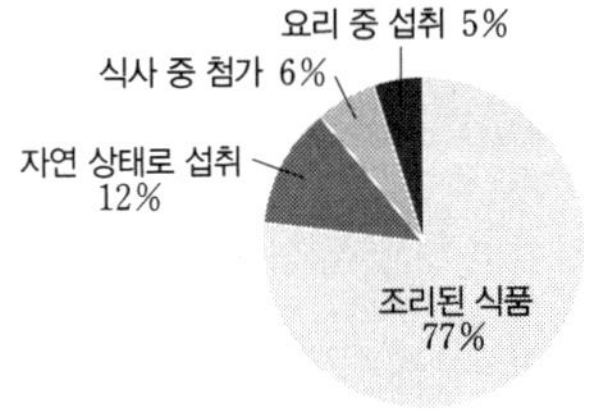

한민족인 우리 조상들도 오래전부터 다양하게 소금을 만들어 사용하기 시작하였다. 신라, 백제, 고구려의 삼국시대에 이미 널리 소금이 사용되었고 지위가 높은 분에게 공물로 바치거나 행정적으로도 소금의 생산 및 공급을 관리 통제하였으며, 없어서는 안 될 생활필수품인 소금을 거래를 위한 화폐로 사용하는 등 사회적 필요성에 의해 널리 알리거나 사용하게 되었다.

3. 소금의 합성 방법

짠맛을 내는 가장 중요한 물질 중의 하나인 소금의 합성 방법은 다양하다. 먼저 가장 간단한 방법으로 소듐(Na)과 염소(Cl_2)를 반응시키면 소금을 얻을 수 있다.

$$2\ Na(s) + Cl_2(g) \longrightarrow 2\ NaCl(s)$$

또한 sodium hydroxide(NaOH)와 hydrochloric acid(HCl)을 반응시키면 소금과 물이 생기는데 여기서 물을 제거하면 소금을 얻을 수 있다.

$$NaOH(aq) + HCl(aq) \longrightarrow NaCl(aq) + H_2O(\ell)$$

소금(NaCl)은 소듐(Na)과 염소(Cl)가 일대일의 동일한 비율로 결합되어 이루어지는 백색의 정입방체의 결정이다. 그러나 대체로 소금은 바닷물을 증발시키거나 땅에 농축되어 있어 불순물을 꽤 많이 포함하고 있어서 그 결정이 고르지 못하며 불규칙하고 색상도 다양하다. 가열 처리를 통하면 이러한 불순물을 제거할 수 있으며 새로운 형태의 가공된 구운 소금이나 죽염 등을 생산할 수 있다.

잘 정제된 높은 순도의 소금은 쉽게 물과 결합하여 떡처럼 덩어리지는 현상이 일어나기 쉬운데 소량의 탄산 칼슘, 염화 마그네슘 등을 첨가하여 이를 방지할 수 있다. 나라마다 생활 방식에 따라 조금씩 차이는 있지만 일부 국가에서는 아이오딘(I_2)과 같이 부족하기 쉬운 영양소를 소금에 첨가하여 이뇨 작용과 물질대사 작용을 촉진하고 내분비 계통의 활동을 활발하게 하는 데 사용하기도 한다.

4. 조미료 중 역사적으로 가장 오래된 소금

인간의 역사에서 음식의 맛을 맞추는 데 사용해 온 재료 중에 가장 오래된 재료는 소금일 것이다. 음식의 가장 기본적인 맛을 낼 뿐 아니라 소금 이외에는 다른 물질로 이 기본적인 맛을 대체시킬 수가 없다는 점에서 맛의 가장 중요한 역할을 차지한다고 볼 수 있다. 또한 소금(NaCl)은 물에 의해 해리된 후 양성자 H^+와 Cl^-가 결합해 위액의 구성 성분인 염산(HCl)을 형성하며, 근육 작용과 신경 작용 같은 생리적 기능에도 참여하여 조절 효과를 내는 중요한 역할을 한다. 특히 소듐 이온(Na^+)은 세포의 외부를 둘러싸고 있는 액체인 세포 외액에 가장 많이 존재하면서 아주 중요한 역할을 하는 양이온이다. 소듐 이온은 능동수송을 수행하여 세포의 수분 조절과 인체의 산-염기 균형에 관여한다. 능동수송이란 세포막 전위 조절 및 세포막에서의 농도 차이를 이용해 이온, 당, 아미노산과 같은 인체에 필요한 물질들을 선택적으로 흡수하거나 배출하는 작용을 말한다.

이러한 생화학 및 생리적인 기능뿐만 아니라 소금(NaCl)은 과자와 음식 산업에서 다양하게 매우 중요한 용도로 사용되고 있다. 이런 소금은 단맛을 내는 감미료들과 함께 사용하면 깊은 달콤함을 느끼게 하여 결과적으로 단맛을 풍부하게 증가시키고 감칠맛을 높이는 데 사용되는 향미 증진제의 역할을 한다. 또한 식품에 존재할 수 있는 미생물의 활동을 억제하는 천연 방부제의 역할을 하고, 가공식품인 어묵과 소시지 등의 제조와 생산 과정에서 각종 염농도의 용매에 대한 용해도에 따라 여러 구성 인자로 분리되는 생고기의 근육 단백질을 이완, 용해시킬 목적으로 사용되어 식감을 부드럽게 한다.

5. 소금을 만드는 방법

지구 생성 당시 바위에서 뿜어져 나온 뜨거운 수증기(H_2O)와 염화 수소(HCl)가 바위 속 산화 소듐(Na_2O)과 충돌 반응하여 염화 소듐($NaCl$)이 되어 대기 속으로 증발했을 것이다. 세월이 흘러 지구의 대지가 식으면서 대기 속으로 증기화 되었던 수증기가 비로 내릴 때 증발했던 소금이 액체화되어 함께 녹아 땅에 쌓이며 바다가 생성된 것으로 알려져 있다. 소금은 지구상의 대륙 대부분에 존재하고 있지만, 자원으로 생각할 수 있는 것은 천연으로 생산된 염화 소듐 결정이 지하에 묻힌 형태인 암염과 바닷물에 포함된 소금인 해염이다. 저장된 장소에 의해 생산된 소금에 따라 염호(鹽湖)·염천(鹽泉)·염정(鹽淨) 등의 이름으로 생산되는 소금이 있다.

바닷물을 사용하여 소금을 만드는 방법에는 가장 잘 알려진 태양을 이용한 천일 제염법이 있으며, 바닷물을 인공적으로 가열한 뒤 농축시켜 소금의 결정을 석출시킬 때는 직화식이나 증기식(蒸氣式) 등의 여러 방법을 사용할 수 있다.

6. 소금의 과잉 섭취

의학적으로 소듐(Na)의 섭취가 높을수록 관리가 어려운 고혈압 발생 비율이 높은 것으로 알려져 있다. 그 외에도 국물 문화가 발달된 한국에서는 소듐의 과잉 섭취가 일어나 위암 발생을 증가시킨다는 보고도 있다. 우리나라가 OECD 회원국 중 뇌의 갑작스러운 혈액 순환 장애인 뇌졸중 발병률이 가장 높은 국가인 이유도 국물 문화이며 맛의 풍미를 짠맛이 나는 음식으로부터 느끼기 때문이라고 한다. 이렇듯 국과 관련된 한식 요리에 소금이 꽤 많이 들어가며 이러한 식단은 고혈압의 원인이 된다.

이처럼 소금(혹은 NaCl)은 실제 인체의 섭취량과 필요량이 사람에 따라 큰 차이를 보이지만 일반적인 과잉섭취에 따른 문제 자체는 섭취량의 감소를 적극적으로 유도할 필요가 있다. 우리의 하루 섭취량은 미국과 일본의 섭취 허용량의 중간으로 일본에서는 10 g 미만, 미국에서는 하루 평균 6 g, 우리는 하루에 8.7 g을 넘지 않도록 섭취할 것을 적극적으로 권장하고 있다.

7. 소듐(Na)의 영향을 받는 짠맛의 작용 메커니즘

주로 소금(NaCl) 맛인 짠맛의 작용 메커니즘을 간단히 설명하면 사람에게는 오직 짠맛만을 느끼는 맛 세포가 따로 있으나 혀뿐만 아니라 입안 전체에서 짠맛을 느끼며 단맛, 쓴맛, 신맛 등 대부분의 맛 세포도 소듐의 영향을 받는다. 1900년 초 맛에 대한 큰 관심을 가진 의사들이 지원자를 모집하여 매우 극단적인 짠맛 실험을 실시했으며 매일 소금이 일절 들어가지 않은 무염의 음식을 먹이고 땀을 많이 흘리도록 했다. 무염 섭취 실험 실시 며칠 만에 지원자 모두 체중이 줄고 볼이 쏙 들어가 핼쑥하며 창백하니 환자처럼 보였다.

지원자의 짠맛 실험 상태를 종합해서 살펴보면 맛을 느낄 수 있는 미각은 대부분 사라져 담배를 피워도 담배 맛을 느끼지 못했으며 양파 튀김을 먹어도 맛이나 냄새 따위를 제대로 느끼지 못했다. 오히려 참기 어려울 정도로 심하게 구토가 유발되고, 오직 기름에 찌든 역겨운 맛만 느껴졌다고 한다. 또한 격렬히 운동한 것처럼 호흡도 가빠졌으며 움직일 때 필요한 근육의 힘조차 떨어져 단순히 면도만 하여도 피곤할 정도였다고 한다. 수분을 충분히 보충했지만 아무 소용이 없었으며 혈액은 농도가 진해져 시간이 갈수록 붉은색은 없고 거무스름하고 걸쭉하게 변했다. 지원자들은 힘들었던 짠맛 실험을 마친 후 원래대로의 몸 상태로 회복되었고, 특히 소금으로 맛을 낸 빵과 버터 그리고 베이컨이 들어간 달걀 프라이를 먹자 금방 사라졌던 미각도 돌아왔다.

6 Chapter

단 게 당기는 이유는 뭘까?

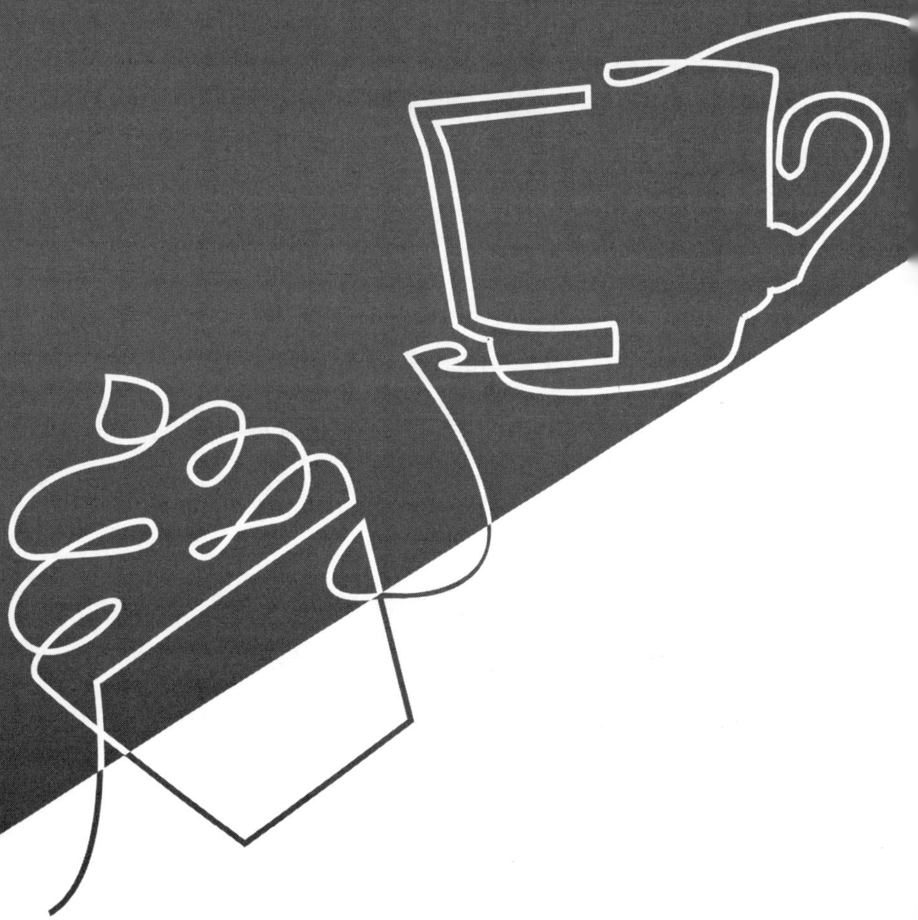

1. 단 것의 역할

사랑 씨, 사탕이나 초콜릿 없나요?

우리가 몹시 피곤하거나, 스트레스가 많은 작업을 했을 때 흔히 표현하는 말이다. 여기서 말하는 단 것은 무엇이며 우리는 늘 단 게 당기는 이유는 뭘까? 여기엔 아주 중요한 과학적 정의와 이유가 숨어있다. 단 것은 대체로 사탕수수와 사탕무를 원료로 만든 맛이 달고 물에 잘 녹는 결정체인 설탕을 가리키며 화학적으로는 물에 매우 잘 녹으며 단맛이 있는 탄수화물인 당류 중에서 물에 용해되면 단맛이 나는 것을 통틀어 일컫는 말이다.

포도당을 하루에 300 g 섭취한다면 이 중 65% 정도인 195 g은 우리 뇌가 소비한다. 즉, 포도당은 뇌의 가장 중요한 에너지원이다. 뇌의 신경세포는 수천억 개로 구성되어 있으며 신경세포의 신경 돌기 말단이 다른

신경세포와 접합하는 부위인 시냅스 회로의 수는 1경에 이를 정도로 수많은 회로가 존재한다. 뇌는 이렇게 다양한 신호에 의한 많은 신경 전달이 일어나므로 충분한 에너지가 필요하며 두뇌 활동이 많아지면 많아질수록 필요한 에너지를 얻기 위해 음식을 먹고 싶은 욕망을 자극해 포도당 섭취를 유도한다. 특히 숙면을 취하는 동안에는 대부분의 포도당이 소모되는데, 이는 두뇌를 많이 쓰는 사람들에게는 아침 식사를 통해 포도당을 충분히 보충해야 하는 중요한 이유이기도 하다.

포도당은 도파민 및 세로토닌의 분비와도 밀접한 관계가 있다. 도파민은 뇌의 자극으로 사람의 흥분상태를 조절하는 호르몬으로, 주의력과 작업 기억력을 높여주는 신경 전달 물질이며, 세로토닌은 생각 회로와 기억력에 관여하며 행복한 감정을 느끼게 해주는 호르몬으로, 식욕이나 수면을 조절한다. 아침, 점심, 저녁 식사와 중간에 먹는 간식 등을 통해 필요한 만큼의 포도당이 충족되면, 도파민과 세로토닌이 정상적으로 분비되어 우리는 일반적인 사회활동을 할 수 있게 된다. 그러나 장시간 집중하여 뇌의 피로가 누적되면 신경 전달 물질인 도파민과 세로토닌의 쾌락 호르몬 농도의 수치가 낮아져 불안감 및 초조함 등의 우울증 증상이 찾아오며 우리는 다시 사탕이나 초콜릿 같은 달콤한 단맛(당)을 찾게 된다.

2. 단 게 당기는 이유

사람마다 다르지만 일반적으로 단 게 당기는 이유는 우리가 맛있는 음식을 배부르게 먹게 되면 위의 상층부에 위치한 포만감을 느끼게 해주는 신경이 자극되어 뇌로 식사를 멈추게 하는 신호를 전달하기 때문이다. 푸짐한 식사를 하게 되면 트림과 함께 포만감을 느끼고 난 후 약 30분 이상 경과가 되어야 혈액으로 포도당이 전이되어 혈액 속의 포도당의 농도인 혈당치가 올라가게 된다. 이후 뇌로부터 신호를 전달받아 췌장을 자극하여 포도당의 양을 일정하게 유지시키는 역할 및 인체 내에서 다양한 생리 활동을 하는 인슐린 분비가 활성화되며 시간이 경과하면서 포도당의 농도인 혈당은 정상적으로 유지하게 된다.

식후 특히 숨쉬기 어려울 정도의 포만감으로 배가 부를 때 우리가 달콤한 디저트 등이 먹고 싶은 것은 뇌세포에서 혈액 속 포도당의 농도인 혈당 부족에 대한 단맛 감각의 자극 때문이다. 그리고 식사 후 30분 이상이 소요되어야 혈당이 올라가기 때문에 그때까지는 공복시와 혈당치의 차이가 없어 우리 혀의 미각신경이 포도당이 포함된 초콜릿과 사탕 등의 달콤한 당분을 요구한다. 그렇다고 당류가 많이 들어가 있는 간식이나 음료를 추가로 먹는다면 식사 때 먹었던 당분은 우리 몸을 유지하는 필요 에너지로 쓰이지만 한도를 넘은 과량의 당류는 잉여 에너지가 되어 체내에 지방으로 전환되어 저장된다. 따라서 식전, 식후에 달콤한 게 먹고 싶어도 참아야 하며 만약 사탕이나 단 음료를 맛있게 먹었다면 걷기나 가벼운 등산 등의 운동으로 건강을 관리하면 혈당을 정상적으로 유지할 수 있다. 그러나 단 것이 당긴 시점에서 이를 악물고 조금만 참으면 뇌에서 지쳐 다시는 신호를 보내지 않으니 참는 것이 더 좋다.

3. 탄수화물 중독

사람에 따라 정도는 다르지만 자신도 모르게 자꾸만 단 것이 당기며 먹고 싶은 사람은 포도당과 같은 종류의 탄수화물에 중독된 것이다. 앞서 언급했듯이 인간의 몸에 필요한 에너지를 생성하는 물질대사를 위해 탄수화물의 가장 작은 단위인 포도당을 필요로 하는데 핏속에 들어간 포도당을 혈당이라 부른다. 이 혈당이 높아지면 췌장 속에서 인슐린을 분비하고 포도당을 분해해서 대사 에너지로 쓰게 된다.

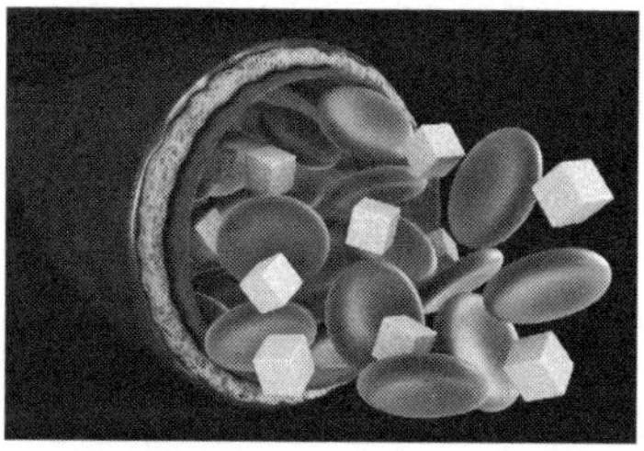

이때 나물, 채소, 쌀, 보리, 밀 등은 서서히 분해되어 이에 따라 인슐린

도 천천히 분비되지만, 포도당(glucose)과 과당(fructose)으로 이뤄진 이당류인 설탕처럼 정제된 탄수화물은 체내에서 빠르게 포도당으로 전환되기 때문에 그에 따라 인슐린도 과다 분비된다. 과다 분비된 인슐린에 의해 혈당이 급속히 분해되어 순간적으로 혈액 속의 당량이 비정상적으로 낮은 상태가 저혈당 증세이다. 그래서 우리 몸은 다시 포도당과 같은 탄수화물을 원하게 되며 이것을 수시로 반복하면 탄수화물 중독 증세라 할 수 있다. 그래서 남녀노소 가리지 않고 설탕과 같은 단 것을 절제하거나 자제해야 한다고 연일 방송하고 있다.

4. 달콤함의 매력

서양 15세기경 중세 시대 전쟁터에서는 다친 군인들에게 의사는 응급조치로 약 대신 달콤한 설탕을 공급해 단맛(당)으로 상처의 아픔과 전쟁의 고통을 잊게 해주었다고 한다. 한 그릇의 설탕물이나 한 움큼의 설탕을 먹은 다친 군인들은 금방이라도 일어나 움직일 수 있을 것 같은 강한 생존 에너지와 아늑함과 평온함까지 느꼈다고 한다.

이와 같이 단맛이 있는 탄수화물인 당은 몸의 활력을 돕거나 에너지 생산과 골격을 유지하는 막강한 기능을 한다. 그렇다면 우리는 이런 질문을 할 수 있다. 이런 당을 많이 먹는 게 좋은 걸까? 일반적으로 앞서 언급했듯이 설탕, 즉 탄수화물인 당은 많이 먹으면 좋지 않다고 알려져 있으며 실제로 당을 과다하게 섭취하면 혈당이 빠르게 올라가 탄수화물 대사를 조절하는 호르몬 단백질인 인슐린이 부족하여 생기는 당뇨병에 취약

해지고 지방으로 저장되어 살도 찌기 쉽다. 하지만 그렇다고 당을 전혀 안 먹을 수도 없으며 실제로 포도당과 같은 당들은 두뇌 회전과 활성화에도 아주 큰 역할을 한다. 건강을 생각한다는 이유로 당을 무조건적으로 섭취하지 않는 것은 오히려 위험하며, 몸에 해가 가지 않을 정도의 적정량을 먹는 것이 가장 중요하다.

5. 당이 적게 든 규칙적인 식사

보건복지부에서는 당의 하루 권장량을 하루 50 g(찻숟가락으로 설탕 12숟가락 반 정도의 양)으로 제한할 것을 제시했으며 이 수치는 세계보건기구(WHO)의 권고안과 일치하는 수준이다. 하루에 더해지는 당의 양이 하루 섭취 열량의 10%를 넘어서는 안 된다는 뜻이다. 피자나 햄버거를 먹을 때 마시는 캔 콜라로 치면 한 캔(360 mL)에 해당하는 양이다. 이런 음료에 들어가는 당은 시럽, 케첩, 샐러드 드레싱 등 여러 식품과 관련

된 많은 것에 포함돼 있으며 식습관에 따라 탄산음료 한 캔만 마셔도 당의 일일 권장량을 간단히 초과할 수 있다.

이런 이유로 우리의 건강을 위협하는 과자, 아이스크림, 음료수 등으로 섭취하는 당을 최대한 줄여야 하며 특히 패스트푸드나 가공식품에 사용하는 당은 인공적으로 합성한 당류인 경우가 많아 몸에 훨씬 더 해롭다. 최대한 당을 피할 수 있는 손쉬운 방법으로는 당보다 소화 분해가 천천히 되어 포만감을 오래 유지하는, 아미노산이 펩타이드와 결합하여 생긴 고분자 화합물인 단백질이 풍부한 음식을 먹으면 된다.

단백질은 새우와 껍질을 제거한 닭고기나 달걀과 두부, 콩 등에 풍부하며 사람마다 호불호가 갈려 입맛에 맞지 않으면 아예 못 먹는 경우가

있기도 하다. 당 섭취를 조절하기 위해서는 식사 시간을 정해두고 규칙적으로 식사를 하는 것도 큰 도움이 된다.

7 Chapter

감미료

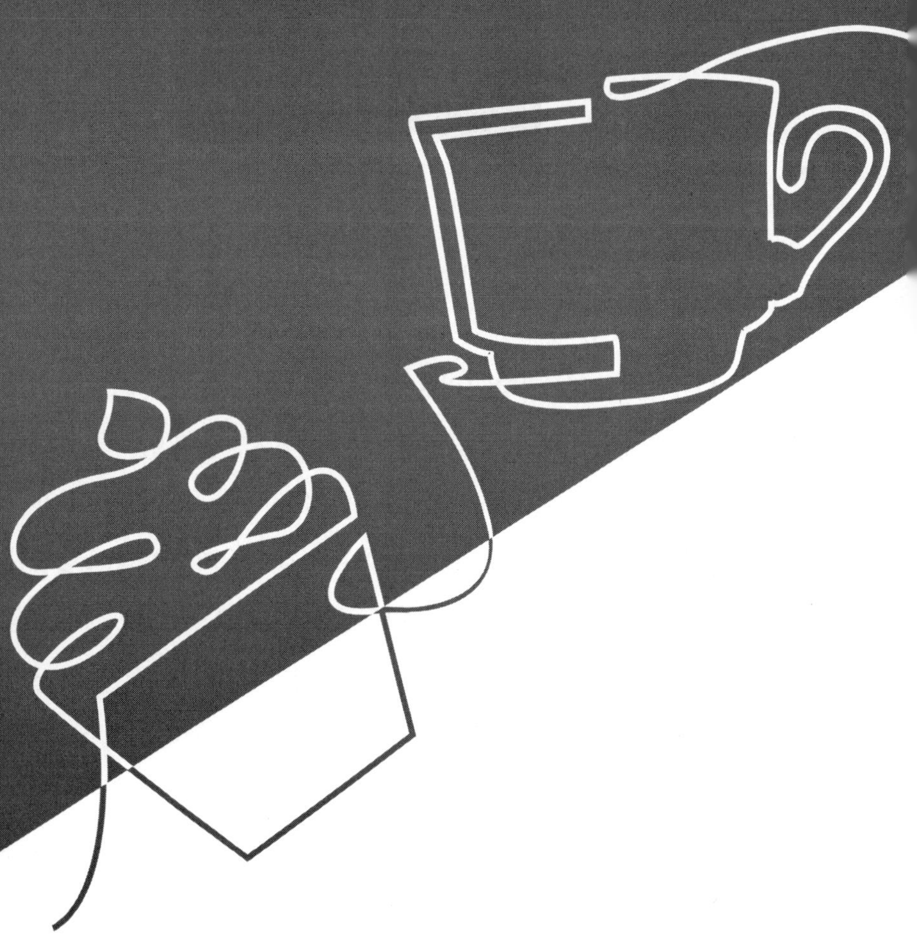

1. 감미료

감미료는 식품에 단맛을 내게 하는 조미료이며 천연 감미료와 인공 감미료로 구분할 수 있다. 최근에는 기능성 감미료도 등장하고 있다.

가장 일반적인 단맛을 내는 감미료는 물에 잘 녹는 무색 결정의 설탕(슈크로스)이다. 그 밖의 감미료로 물에 잘 녹으며 단맛이 있는 탄수화물인 당류(糖類)에는 과당(프럭토스), 포도당(글루코스), 엿당(말토스) 등이 있으며, 단당류의 카보닐기(C=O)를 환원하여 만들어지는 하이드록시기(–OH)가 두 개 이상인 당(糖)알코올인 소르비톨(sorbitol) 등이 있다. 포도당 등의 당류와 하이드록시기(–OH)를 갖는 유기 화합물이 결합한 화합물인 배당체로는 스테비오사이드, 글리시리진 등이 있다. 생리 활성 물질인 아미노산과 펩타이드류로는 글라이신, 알라닌, 아스파탐(아스파르트산과 페닐알라닌으로 이루어진 다이펩타이드(dipeptide)의 메틸에스터.

설탕의 약 200배의 감미가 있는 인공 감미료) 등이 있다. 단백질성의 감미 물질에는 천연 감미료의 일종인 서아프리카의 열대 수림대에 자생하고 있는 야생 식물(학명: *Thaumatococcus daniellii* Benth)의 과실에서 물로 추출한 타우마틴(thaumatin) 등이 알려져 있다.

2. 인공 감미료

과자 등 우리가 먹는 식품에 단맛을 주기 위하여 화학적으로 합성된 화합물인 인공 감미료(artificial sweetener)는 꿀, 설탕과 포도당 같은 자연에서 얻은 천연 감미료와는 확연히 구별된다. 우리 강의에서도 각각 한 주제로 언급될 아스파탐, 소르비톨, 둘신, 사이클라메이트 그리고 사카린 등이 알려져 있다.

화학적으로 합성된 인공 감미료는 자연에서 얻은 천연 감미료보다 단맛의 강도가 훨씬 높아서 과자나 가공식품에서 널리 사용되었다. 하지만 인체에 여러 가지 질환을 초래하여 유해하다는 것이 알려지면서 사용이 금지된 인공 감미료도 생겼다. 현재는 일부 몇몇 인공 감미료 같은 경우 하루 기준치 안에서 섭취하였을 시 인체에 무해하다는 것을 공지하여 허용량만을 사용토록 하고 있다. 인공 감미료의 하나로 북한에서 널리 활용되고 있으며 단맛이 설탕의 500배 정도로 달콤한 사카린은 사탕, 식빵, 이유식 등을 제외한 가공 식료품의 첨가물이다. 아스파탐은 주로 청량음료에, 소르비톨은 당뇨병에 걸린 환자의 음식에 널리 이용된다.

단맛 관련 역사 기록에 의하면 인류가 최초로 화학적으로 합성한 인공 감미료는 로마인들이 단맛을 즐기기 위해 사용한 사파(sapa)라고 할 수 있다. 물론 그 이전의 역사 기록이 없어 더 오래된 단맛 물질을 언급하지 못하지만, 로마인들은 사탕수수와 사탕무 등에서 추출된 설탕이 지구상에 알려지기 이전부터 단것을 무척 좋아해 거의 모든 가정에서 만들 수 있는 수십 가지 요리에 사파를 넣어 먹었다고 한다. 사파는 금속 중 가장 무거운 납(Pb)으로 만든 그릇이나 솥에 포도 주스나 포도주 찌꺼기를 넣고 물과 알코올이 다 날아갈 때까지 걸쭉하게 끓여서 만든 것이다. 꽤 많은 시간을 사용하여 높은 온도의 끓임 과정에서 의약이나 염색 따위에 쓰이는 납 합성물인 아세트산 납[$Pb(CH_3COO)_2$]이라는 중금속 화합물이 생기는데, 이것이 바로 사파의 주된 구성 성분이다. 로마인들은 자신들이 만든 이 사파가 오로지 농축된 포도와 포도즙에 관련된 물질인 것으로 알았지, 이 달콤한 것이 화학적인 합성물이 매우 독성이 강한 납이 포함된 아세트산 납[$Pb(CH_3COO)_2$]이라는 사실은 전혀 몰랐다.

지중해를 아우르는 거대한 로마제국을 건설한 라틴인인 로마인들은 사파를 단맛을 내는 감미료뿐만 아니라 만병통치약인 것처럼 다양한 용도로 사용했다. 여자들은 파리하고 창백해진 미인이 되고 싶을 때 먹거나 바르는 화장품으로 사용했으며, 태아를 인위적으로 떼어 내는 낙태에 대한 의약품으로도 사용했는데, 이는 모두 납중독에 의한 것이었다. 이처럼 로마인들은 다양한 방식으로 매우 독성이 강한 물질인 아세트산 납이 들어있는 사파를 즐겨 사용하다가 자신들도 모르는 사이에 집단 납중독에 걸리기도 하였다.

3. 천연 감미료

천연 감미료(natural sweetener)는 식물의 잎, 종자 등으로부터 추출한 단맛이 있는 첨가물이며 식품, 의약품, 음료 등에 널리 이용된다. 우리가 즐겨 먹는 설탕과 꿀이 가장 대표적인 자연에서 얻는 달콤한 맛을 가진 천연 감미료다. 벌이 먹이로 꽃에서 따다가 저장한 꿀은 인류가 오래전부터 사용한 감미료로, 그 증거 자료로 야생 벌집에서 꿀을 채취하는 그림이 약 1만 6천 년 전에 유럽의 한 동굴유적에서 발견되기도 하였다.

우리나라 역사 기록에는 신라 31대 임금인 신문왕의 결혼식에 신부가 준비하는 음식인 폐백의 품목에 꿀이 등장하며, 백제의 기록에는 한 왕자가 일본에 가서 꿀을 얻기 위해 양봉을 시도하였다는 기록이 있다. 고구려 사람 대조영이 세운 국가인 발해로부터 신라로 가는 육로인 신라도를 통해 신라왕에게 꿀을 보내왔다는 기록도 있어 우리나라도 오래전부터 꿀을 애용했음을 알 수 있다. 조선 시대에는 중국을 통해 사탕수수로 만든 사탕을 사는 상업상의 거래가 있었으나 이것은 일부 양반계층의 상류층에서 기호품이나 사치품으로 쓰인 것으로 추정된다. 일반 서민계층에 감미료로 사용된 것은 주로 벌이 먹이로 꽃에서 따다가

저장한 꿀과 함께 동양에서 오래전부터 사용되어왔던 녹말을 맥아인 엿기름으로 삭혀 만든 단맛이 있고 끈적거리는 엿이 쓰이고 있었던 것으로 본다.

다른 천연 감미료로는 국화과인 식물 스테비아(Stevia rebaudiana)의 잎과 줄기로부터 추출한 '스테비오사이드'가 있다. 스테비오사이드의 당도는 설탕보다 200~300배 높아서 설탕을 대체할 천연 감미료로 적극 활용된다. 또한 스테비오사이드에 함유된 당인 테르펜은 인슐린 분비 세포를 자극해 식사 후의 급격한 혈당 상승을 예방하는 데 도움을 준다. 하지만 평소 신장이 약한 사람은 스테비오사이드를 과다하게 섭취할 경우 설사나 복통 등의 부작용이 나타날 수 있다.

감초(甘草)의 뿌리와 근경으로부터 추출한 감초 추출물(Licorice Extract)은 당도가 설탕의 약 200배다. 범의귀과 식물인 감차(甘茶, Hydrangea serta Seringe)에는 단맛 성분인 필로둘신이 있어서 주로 당뇨병 환자에게 감미료로 사용된다. 야생 토마토에 함유된 스테로이드 알칼로이드(steroid alkaloid)의 한 종류인 타우마틴(thaumatin)은 가장 보편적인 감미료로 사용된다. 이 성분은 아프리카 열대우림 식물인 타우마토코

쿠스 다닐엘리이(*Thaumatococcus daniellii*)의 성숙한 과실 종자에 들어있는 감미(甘味) 단백질 성분이며, 그 당도는 대략 설탕의 2천 배를 넘는다. 식품과 제과업계에서 칼로리가 없는 천연 감미료로 사용되며 당뇨병 환자에게는 아주 이상적인 감미료로 여겨지고 있다.

4. 기능성 감미료

단맛을 내는 감미료에는 자연에서 얻은 천연 감미료와 화학적으로 합성된 인공 감미료로 구분할 수 있으며 가장 널리 사용되고 있는 천연 감미료인 설탕은 깔끔한 느낌과 함께 강한 단맛을 낼 뿐만 아니라 과자나 가공식품을 제조할 때에도 가장 널리 사용되고 있는 당질 감미료이다. 비록 설탕을 자연에서 얻어냈다고는 하지만 인간에게 충치, 비만과 당뇨병 등 건강에 나쁜 영향을 끼친다는 인식이 강하게 부각되면서 세계적으로 설탕을 대신할 만한 대체 감미료를 새롭게 발견하거나 화학적인 합성을 통해 개발하는 데 주력하고 있다.

특히 건강상의 이유로 설탕을 섭취하면 곤란한 이들을 위하여 단맛의 역할과 작용이 뚜렷하도록 기능화된 다양한 감미료들을 개발 또는 화학적 합성을 통해 얻게 되었다. 지금도 꾸준히 선도 물질(lead compound)의 변화를 통해 합성되거나 새롭게 개발되고 있다. 대체 감미료 중에서 기능성을 강조한 감미료는 대부분 탄수화물로 이루어진 당질 감미료이지만, 생각조차 하기 어려운 아주 높은 당도를 가진 감미료는 화학적인 합성을 통해 합성된 감미료를 포함한 탄수화물이 아닌 인공 감미료라

는 특징이 있다.

계속해서 각 장에서 언급하겠지만 우리나라에서 사용이 허가된 기능성 고감미 감미료에는 스테비오사이드(Stevioside), 사카린(Saccharin), 아스파탐(Aspartame), 아세설팜 포타슘(Acesulfame K), 슈크랄로스(Sucralose) 등이 있다. 이것들은 설탕보다 매우 강한 단맛을 보이며 대부분 인체 내에서 거의 분해되지 않고 흡수도 일어나지 않기 때문에 아주 낮은 칼로리의 감미료라는 중요한 특징이 있다.

8 Chapter

아세트산 납

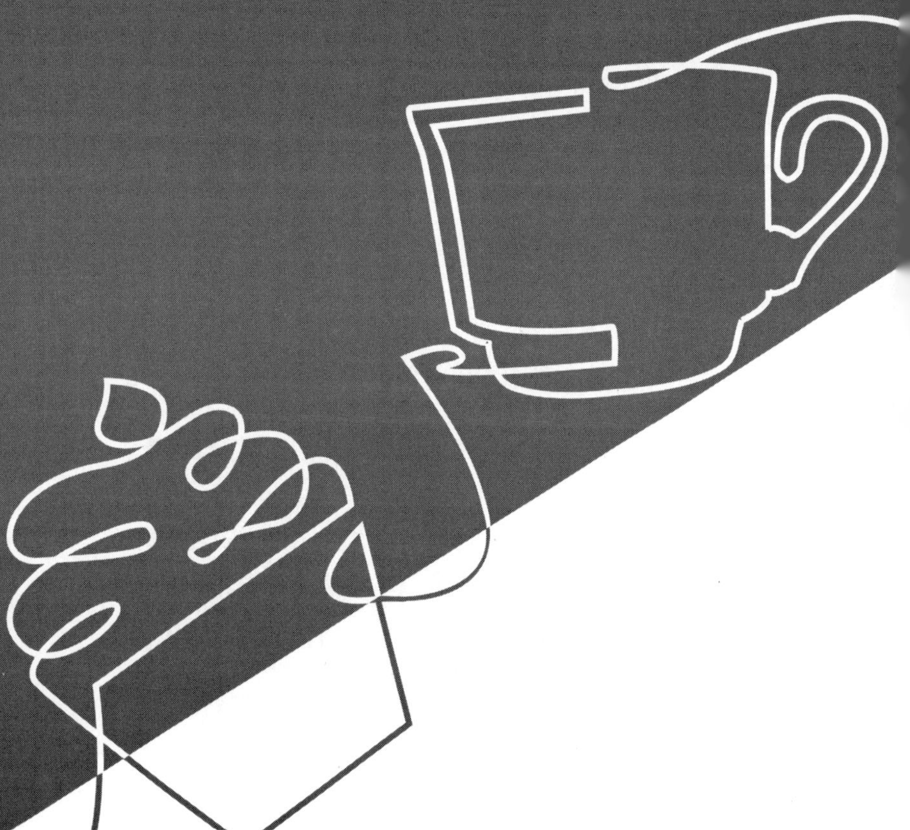

1. 백색 결정인 아세트산 납

납(lead)의 염(salt)은 달달한 맛을 내어 과거에는 설탕 대신 사용되었다. 앞장에서 언급했듯이 거대한 로마제국을 건설한 로마인들은 납으로 만든 그릇이나 솥에 포도즙과 함께 식초를 넣고 끓여 아세트산 납(lead acetate)을 만들었으며 이 걸쭉한 물질을 사파라고 불렀다. 걸쭉한 시럽은 숙성되지 않은 포도주가 단맛을 내기 위해 숙성해야 하는 시간을 줄여주고 풋과일의 단맛을 높여주는 등 인기 있는 감미료로 사용되었다. 하지만 걸쭉한 시럽 속에 함유되어 있는 아세트산 납으로 인해 인체에 치명적인 납중독을 야기했으며 지금은 아예 감미료로서의 사용이 금지되었다.

아세트산 납은 화학식이 $Pb(CH_3COO)_2$이며 분자량이 325인 무색 결정이다. 물이 전혀 포함되지 않은 무수염(無水鹽) 외에도 삼수화(水化)

염(분자량은 379)과 십수화염이 알려져 있으며, 일반적으로는 3수화염 [$Pb(CH_3COO)_2 \cdot 3H_2O$]의 형태로 연당이라는 상품명으로 시판된다. 이것의 제법은 PbO인 산화납(Ⅱ)을 따뜻하고 묽은 아세트산(초산, acetic acid)에 용해한 다음 물을 증발시키는 것이다. 그렇게 하면 큰 결정으로서 삼수화염인 $Pb(CH_3COO)_2 \cdot 3H_2O$이 석출된다. 다시 이 결정을 서서히 가열하면 물이 전혀 포함되지 않은 백색 혹은 무색 결정의 무수염이 되며 이 염은 물과 글라이세린에 잘 녹는다.

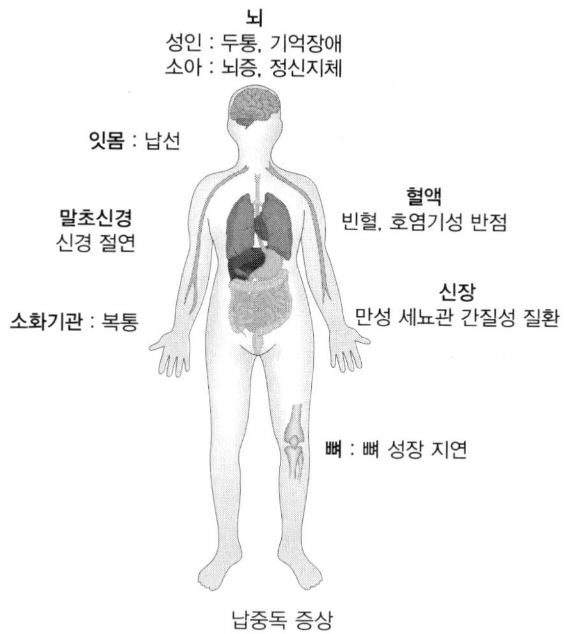

납중독 증상

무수크로뮴산 CrO_3를 물에 녹이면 물과 반응하여 크로뮴산이 된다 ($CrO_3 + H_2O \rightarrow H_2CrO_4$). 이 무수크로뮴산은 납(Pb), 염(salt)의 조제에 사용되거나 폴리에스터(polyester) 제조 시에 단위체(monomer, 모노머)에 화학 반응을 통해 2개 이상 결합하여 물성에 큰 영향을 준다. 그리고 분자량이 큰 화합물을 생성하는 반응을 일으키는 중합 촉매(polymerization catalyst)로도 사용된다. 인체의 점막이나 피부의 한 부분에 작용해 단백질을 딱딱하게 굳어지게 해서 단백질 활성을 제거하여 염증을 제거한다. 그리고는 막을 만들어 보호하는 약제수렴제로도 사용된다. 그러나 치명적인 납중독을 야기하기 쉬우므로 장기간에 걸친 사용은 극히 삼가야 한다.

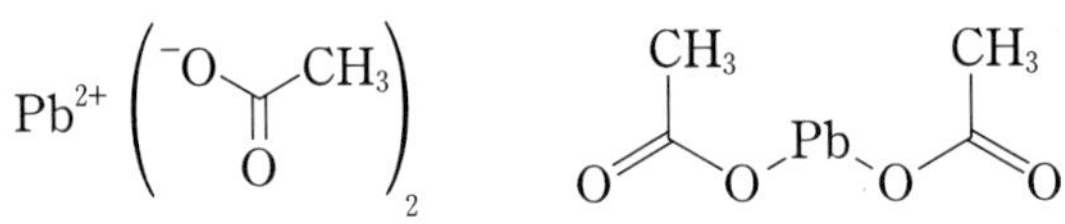

아세트산 납의 구조식

2. 신경독성과 암을 유발하는 아세트산 납

앞서 언급했듯이 아세트산 납(lead acetate)을 몸속으로 빨아들일 시 신경독성과 암을 유발하는 납중독의 위험이 크며 실제로 생리 활성 검색을 통해 얻은 분석치는 쥐에 경구 투여 시 50% 치사량인 LD_{50}(lethal

아세트산 납의 결정

dose, 50% 치사량)은 400 mg/kg이다.

예전에 이미 존재하는 물질을 조합하여 새로운 물질로 만드는 사람인 연금술사들은 납(lead)을 토성(土星)으로 비유했기 때문에 아세트산 납(lead acetate)은 토성의 소금(salt of Saturn)으로도 알려져 있다. 공업적이나 산업적으로는 황과 수소로 이루어진 화합물로 무색이며 달걀 썩는 냄새와 같은 악취가 풍기는 독성 기체인 황화수소 화합물을 검출하기 위해 사용한다.

3. 아세트산 납의 합성

아세트산 납의 합성법은 다양하다. 그중 하나는 버려진 납–산 배터리로부터 분리하여 탈황(脫黃; desulfurized)시킨 납 반죽(paste)에 아세트산(CH_3COOH)이나 과산화 수소(H_2O_2)를 혼합 반응하여 얻는 것이다.

$$PbO + 2CH_3COOH \longrightarrow Pb(CH_3COO)_2 + H_2O \quad (1)$$

$$PbO2 + 2CH_3COOH + H_2O_2 \longrightarrow Pb(CH_3COO)_2 + 2H_2O + O_2 \quad (2)$$

$$PbCO_3 + 2CH_3COOH \longrightarrow Pb(CH_3COO)_2 + H_2O + CO_2 \quad (3)$$

반응 (1)은 산화 납과 아세트산의 반응으로 물과 함께 아세트산 납을 얻을 수 있다. 반응 (2)는 PbO_2(lead dioxide)와 아세트산, 그리고 H_2O_2의 반응으로 아세트산 납, 물과 O_2(산소)를 생산할 수 있다. 반응 (3)은 $PbCO_3$(탄산 납, lead carbonate)와 아세트산의 반응으로 아세트산 납과

물, 그리고 CO_2(이산화 탄소)를 얻을 수 있다.

4. 납중독

원소 번호가 82번으로 푸르스름한 잿빛의 금속 원소인 납(Pb, 앵글로색슨어 lead, 라틴어 plumbum)은 성경책의 출애굽기에 표현될 정도로 오래전부터 알려졌고 BC 2000년경부터 인류가 적극적으로 사용해 왔다. 연금술 학자들은 앞서 자세히 언급했듯이 납이 가장 오래된 원소 중 하나이고 토성과 관련이 있는 것으로 믿었으며 반짝반짝 빛나는 금을 사랑한 나머지 납을 금(Au)으로 바꾸어 보려고 원시적 화학 기술인 연금술에 많은 시간을 쏟았다.

납은 오래전부터 사람들에게 알려졌지만, 그 위험성이 같이 알려진 것은 아니었다. 그러나 혈중의 납 농도가 높을수록 아동은 행동 및 인지기능에 장애를 일으킨다. 일반적으로는 음식물과 공기 등을 통해 체내로 흡수되어 인체에는 약 120 mg의 납이 존재한다. 우리 몸 여러 곳에 녹아 있으며 특히 혈액에 0.2 ppm, 뼈에 3~30 ppm, 조직에 0.2~3 ppm 정도로 존재한다. 이와 같이 납은 인체의 거의 모든 조직과 시스템에 존재를 알리듯 영향을 미치고 있다. 납은 실제로 인체에 계속 축적되는 독성 중금속이지만, 높은 농도의 납으로 오염된 아주 열악한 환경 속에서도 살아가는 일부 미생물도 있다.

우리 몸에서 납은 여러 가지 생리 활동에 참여할 수 있다. 효소의 옥소기(oxo group; =O기)에 결합하여 헴(heme) 합성 과정에 영향을 주며,

포피린(porphyrin) 대사 및 여러 효소의 활동과 단백질 합성을 저해한다. 납 이온(Pb^{2+})은 비록 카드뮴 이온(Cd^{2+})이나 수은 이온(Hg^{2+})보다는 결합력이 약하지만 단백질의 –SH기와 결합하여 효소가 활동하기 어렵게 한다.

행동 및 인지기능의 장애를 주는 납중독의 전형적인 증상은 두통, 구토, 빈혈, 경련, 혼수상태, 만성 신장염, 중추신경계 장애 등이다. 특히 높은 농도의 납은 중독될 시 어린이는 물론 성인까지도 뇌와 신장이 손상되어 사망할 수도 있다. 특히 임산부는 유산 위험이 있어 더 조심해야 하며 남성의 생식 기능도 저하될 수 있다.

5. 방사성 붕괴의 최종 산물인 납

납은 무르고 녹는점이 다른 금속에 비해 비교적 낮아 가공하기가 쉬웠으므로 인간이 옛날부터 사용하던 금속 원소 중 하나이다. 납을 라틴어로는 plumbum라고 한다. 여기서 원소 기호를 땄으므로 납의 원소 기호는 Pb가 되었다. 납은 중금속 원소 중에서 지각에 가장 많이 존재하는 원소이며 납이 가장 안정하기에 방사성 붕괴 시 생성되는 마지막 금속 물질이다.

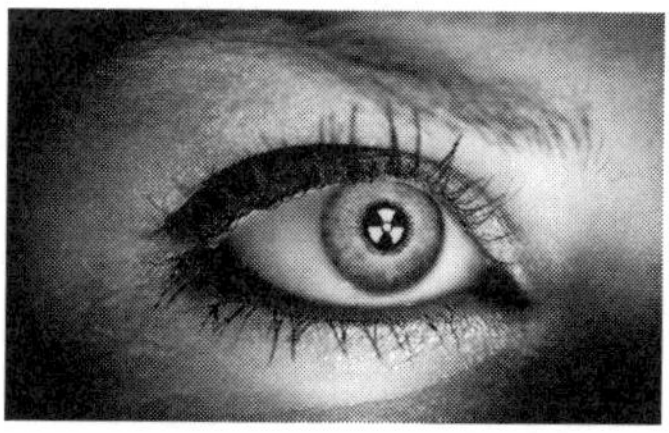

납은 원석에서 원소 상태로의 분리와 석출이 비교적 쉬워 이미 2500여 년 전 고대 최대의 국가인 로마제국에서는 연간 최고 약 6~7만여 톤이 제련되어 사용되었다. 단면적이며 모방적인 로마인들은 납으로 각 도시의 수도시설과 배관공사에 주로 사용하였다.

로마 문명이 꽃을 피웠던 시기의 유해에서 매우 높은 농도의 납이 검출되는데 그 당시 사람들 대부분 심각한 언어 장애와 운동 마비 등의 증상을 나타내는 납중독(lead poisoning)에 걸렸으리라고 짐작할 수 있다. 그 이유는 얼핏 생각하면 상수도관을 납으로 만들었기 때문이라고 생각할 수 있으나 실제 가장 큰 원인은 음식과 포도주를 달게 만들기 위해 감미 첨가제로 사용한 사파(lead(II) acetate) 때문이었다.

앞서 언급했듯이 사파는 납으로 만든 그릇과 솥에 약간의 식초와 포도즙을 넣고 끓이면 만들어지는데, 낭만적이며 단편적인 로마인들은 이 단맛이 나는 납 화합물이 든 사파를 포도주에 넣어서 마셨으니 그야말로 독한 술이 아닌 진짜 독약을 탄 "독주"를 마셨던 것이다. 당시 로마인 전체 음식의 요리 및 조리법의 약 20%에도 납 화합물, 즉 사파가 첨가제로 사용되었다고 한다.

6. 환경오염원인 납의 제거

현시점에도 중금속 납의 독성으로 인한 대기와 수질의 환경오염을 막기 위해서 환경운동가와 환경 관련 공무원들 모두 여러 가지 정화 노력을 하고 있다. 이십여 년 전 중금속 납이 들어간 화합물인 사에틸납(tetraethyl lead)을 섞은 휘발유인 유연(有鉛) 휘발유가 널리 사용되었던 시기에는 대기와 수질이 많은 양의 납으로 오염되어 있었다. 또한 납성분이 들어간 다양한 가공 물질을 사용하던 페인트공과 배관공, 도공 등은 직업적으로 납중독의 위험에 완전히 노출될 수밖에 없었다. 일반인조차 납 수도관과 불량 도자기(특히 옹기) 등에서 녹아 나온 납이나 납이 든 페인트를 칠한 건물의 벽과 납 성분이 든 화합물로 만든 장난감 등에서도 떨어져 나온 부스러기 등을 통하여 납 오염에 노출되었다.

그러나 요즘은 유연 휘발유에 쓰였던 사에틸납 등의 납 첨가제의 사용이 완전히 금지되었다. 소비재에서 납이 포함된 화합물의 사용을 제한되면서 납 성분이 든 화합물로 만든 장난감도 자취를 감추었고, 오래된 학교 건물 등에 이미 칠해졌던 납 성분이 포함되어 있는 페인트는 새로운 친환경적인 페인트에 의해 새롭게 교체되어 칠해졌다. 우리 주변의 모든 식물에도 약간의 납 성분이 들어있으며, 특히 납 성분 가공 공장이나 관련 업체 인근에서 재배된 상추에서도 3 ppm(parts per million)까지의 납 성분이 발견되기도 하지만 아직까지는 이것이 심각한 언어 장애와 운동 마비 등의 위태로운 증상을 나타내는 납중독을 일으킬 정도의 농도는 아니다. 그렇지만 계속 농축되면 당연히 인체에 해로운 영향을 미치는 중금속임에는 틀림없다.

일반적으로 성인 대다수는 음식을 통해 하루 평균 약 1 mg의 납을 섭취하며, 그 중의 약 0.1 mg 정도가 인체 내로 흡수되어 순환된다고 알려져 있다. 세계보건기구(WHO)는 식용으로 먹는 물의 납 성분 농도 상한치를 0.01 ppm으로 권장하고 있다.

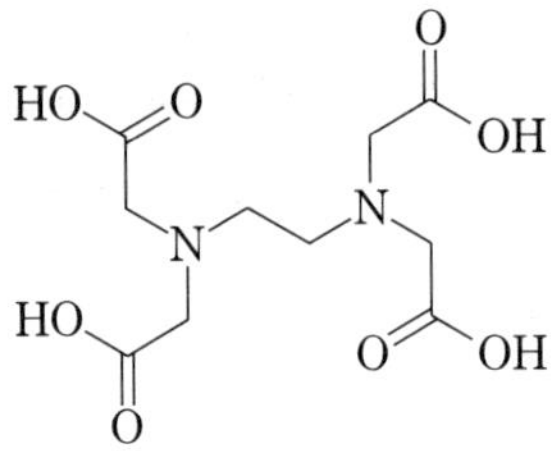

EDTA(Ethylenediaminetetraacetic acid)의 구조

납 성분의 해독제로는 EDTA(ethylenediaminetetraacetic acid)가 쓰이는데, 이는 리간드 화합물과 결합하는 킬레이트제(착물 형성제)여서 납과 착물을 형성하여 납을 체외로 완벽하게 배출시킨다. 인체에 해로운 납은 유리병과 컵에도 사용되는데, 산화 칼슘(CaO) 대신에 산화 납(PbO)을 그 구성 성분으로 하여 유리를 만들면 포타슘(K) 유리 대신에 납 유리가 만들어진다. 납 유리의 PbO 함량은 보통 12~40%인데 특히 납-크리

납-크리스탈 유리로 만들어진 컵

스탈 유리의 PbO 함량은 최소 24%이다.

고급스런 납-크리스탈 유리는 투명도나 광택을 더하기 위해 납이 첨가되어 있으며 최고급 양주 등에 쓰이고 있으나 이것이 양주 중에 용해될 위험이 있다. 이와 같이 납-크리스탈 유리는 굴절률이 높고 가공 온도가 낮아 가공하기 쉬우며, 일반 유리보다 밀도가 높아 장식용 유리로 많이 이용되며 전자파의 투과율이 적어서 전자제품에도 널리 애용된다.

자동차용 가솔린은 옥테인값을 높여 품질을 향상시키기 위해 열이나 촉매를 사용하여 탄화수소의 구조를 변화시키는 리포밍(개질(改質), reforming)을 한다. 개질에 의한 나프텐계 탄화수소의 방향족화를 통해 곧은 사슬 파라핀은 이성질화 등의 반응을 시켜서 아이소파라핀으로 바뀌며 결과적으로 옥테인값이 높은 탄화수소의 함유량이 증가한다. 즉, 가솔린의 성분비를 바꾸는 것이다. 이외에도 앞서 언급한 앤티노크(antiknock)제인 사에틸납($(CH_3CH_2)_4Pb$)을 휘발유에 소량 첨가하여 엔진과 같은 내연 기관에서 연료의 이상 폭발로 생기는 노킹을 막는 노킹 방지제로 개발하였고 오랫동안 사용되었다. 하지만 그 배출가스에 납 성분이 포함되어 납중독을 유발하고 신경 독성과 암을 유발할 수 있어서 현재는 전혀 사용하지 않는다.

배기가스를 통하여 독성이 강한 납이 인체 및 환경에 축적되어왔다는 것이 밝혀지자 1980년대에는 자동차의 휘발유가 납 성분이 전혀 없는 무연으로 대체되기 시작하였다. 휘발유 성분 중에서 옥테인값이 낮은 헥세인(hexane) 등을 빼고 벤젠과 톨루엔 등의 방향족 탄화수소를 늘려 옥테인값을 높이고, 치명적인 환경오염물이나 노킹 방지제인 사에틸납의 첨가량을 되도록 적게 한 것을 무연 휘발유라고 한다. 하지만 무연 휘발유로 촉매와 연료 등을 대체하는 것이 대기 오염 방지의 근본 대책은 되지 못하고 있다. 그 이유는 농도가 증가한 방향족 탄화수소가 눈이나 호흡기에 장애를 일으키는 광화학 스모그의 원흉이 될 가능성이 높기 때문이다.

9 Chapter

사카린

1. 보약으로 취급되던 사카린

귀한 꿀 외에는 달콤함을 얻을 수 없었던 시절의 설탕은 요즘의 금보다 가치가 있었다. 이처럼 설탕이 귀했던 시절에는 겨울철에 달콤한 온수나 여름철에 차가운 막걸리 생각이 나면 인공 감미료인 사카린을 적당히 타서 마시곤 했다. 사카린은 요즘에도 잘 활용하고 있지만 그 당시에는 그야말로 최고의 달콤함을 주는 감미료였다.

합성 인공 감미료인 사카린은 물에 잘 용해되도록 소듐(Na)염인 사카린 소듐(sodium saccharin)으로 제조하여 사용되고 있다. 열에도 안정한 사카린은 열량이 거의 없는 합성 감미료의 최초 물질이다. 미국 유학생인 독일인에 의해 순수하게 진행된 대학의 연구결과를 상업화하여 많은 돈을 벌어들인 하나의 예이기도 하다. 합성 사카린이 꽤 오랫동안 발암물질이라는 의심과 함께 인체 건강에 끼치는 나쁜 영향에 관한 연구가 꾸준하

게 진행되었지만 2001년에 미국은 사카린을 발암물질 명단에서 완전히 제외했다. 우리나라는 2011년 식품안전청에서 사카린의 규정과 규제를 완화하므로 일반 가정에서의 사용 범위를 확대하고 있다.

미 환경보호청(EPA)은 2010년에 미국의 저열량 식품 업체 모임인 열량 통제 협회(CCC, Calorie Control Council)의 청원에 따라, 합성 인공 감미료인 사카린을 인간 유해 우려 물질 목록에서 완전히 삭제한다고 밝혔다. 최근 플로리다 의대의 로버트 메켄너 교수 연구팀의 연구에 따르면 인공 감미료인 사카린이 선별적으로 항암 효과가 있어 선도물질의 변형에 따라 여러 암에 특이하게 작용하는 항암제에 개발의 여지가 있다고 밝혔다.

그런데 많은 소비자는 발암물질이라는 불신 때문인지 아직도 사카린을 인체 건강에 유해한 것으로 오해를 하고는 있다. 최근에는 그래도 신문과 방송의 홍보 덕분으로 점점 사카린에 대한 불신이 완화되어 다양한 용도로 과자나 식품의 첨가물로 사용되고 있다.

2. 인공 감미료인 사카린의 실체

톨루엔(toluene)을 출발 물질로 합성된 인공 감미료인 사카린은 화학식이 $C_7H_5NO_3S$이며 분자량은 183이고 녹는점은 229℃이다. 사카린 분자의 화학적 구조는 원자의 배열과 각 해당 원자들 간의 화학 결합으로 이루어지며 5개의 수소 원자, 7개의 탄소 원자, 1개의 질소 원자, 3개의 산소 원자 그리고 1개의 황 원자로 구성되어 총 17개의 원자로 형성된다.

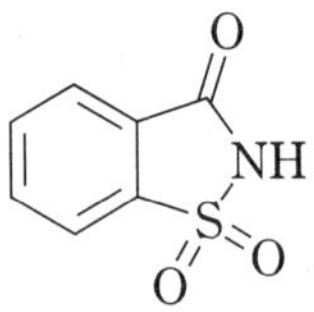

사카린의 구조

사카린 분자를 좀 더 자세하게 분석하면 총 18개의 화학 결합이 있다. 이 결합을 세분화하면 13개의 비(非) 수소 결합, 9개의 다중 결합, 3개의 이중 결합, 6개의 방향족 결합, 1개의 5원자고리, 1개의 6원자고리, 1개의 9원자고리 그리고 1개의 설폰아마이드로 구성되어 있다.

3. 사카린의 간단한 합성

3-1. 톨루엔을 출발 물질로 하는 사카린의 합성

인공 감미료인 사카린의 합성법은 다양하다. 합성 분야는 유기 합성을 전공으로 하면서 많은 합성 경험을 가진 연구자들조차 어렵게 생각하는 연구 분야이다. 그럼에도 인공 감미료인 사카린이 간단한 화학적 변화를 통해 합성되는 것을 보면 감탄의 박수를 보내고 싶다.

그림의 방법은 아이라 램슨(Ira Remsen, 1846~1927)과 그의 제자인 콘스탄틴 팔베르크(Constantin Fahlberg, 1850~1910)에 의해 처음으로 합성된 방법인데, 톨루엔을 출발 물질로 한다.

첫 단계는 chlorosulfonic acid에 의한 톨루엔의 설폰화 반응(sulfonation)으로, 벤젠의 ortho와 para 위치에 sulfonyl chloride가 각각 치환된 이성질체인 2-toluenesulfonyl chloride와 4-toluenesulfonyl chloride를 얻

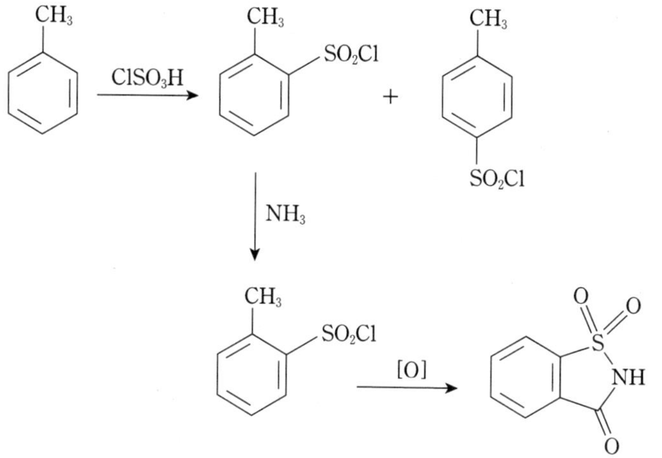

toluene을 출발 물질로 사카린 합성

을 수 있다.

2-toluenesulfonyl chloride와 4-toluenesulfonyl chloride의 혼합물에서 2-toluenesulfonyl chloride만을 분리하여 암모니아(ammonia, NH_3)와 반응시키면 sulfonamide인 toluenesulfonamide가 형성된다. 최종 단계로 메틸(CH_3)기를 산화시켜 카복실산으로 전환한 후 고리화 반응이 진행되면 인공 감미료인 사카린을 얻을 수 있다.

3-2. methyl anthranilate을 출발 물질로 하는 사카린의 합성

다른 합성법은 1950년 Maumee Chemical 회사에서 개발한 방법으로 methyl anthranilate에 연속적으로 nitrous acid(sodium nitrite와 hydrochloric acid), sulfur dioxide, chlorine(Cl_2), ammonia(NH_3)를 단계별로 반응시켜 인공 감미료인 사카린을 생산했다.

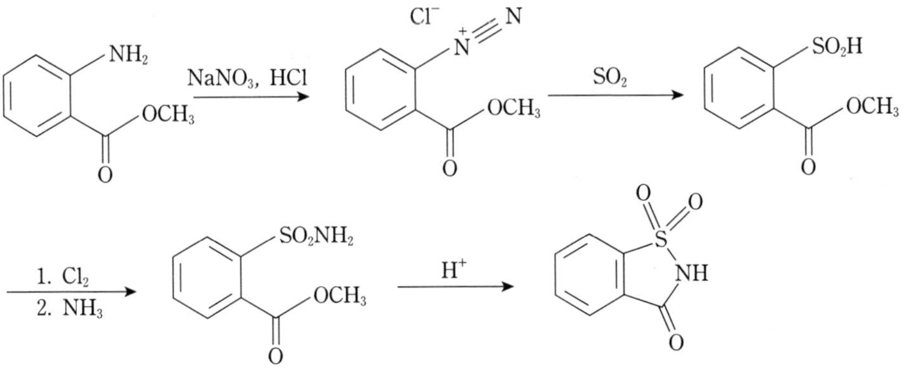

methyl anthranilate을 출발 물질로 사카린 합성

앞서 언급했듯이 사카린이 물에 잘 용해할 수 있도록 염을 만들어 사용하는데 이렇게 합성된 사카린의 소듐염은 수용성 사카린으로 일반 가정에 달콤함을 주는 감미료로 사용된다. 설탕의 약 500배의 감미가 있으며 냄새는 거의 없다. 사카린이 에탄올(ethanol)에는 잘 녹지만 물에는 거의 녹지 않기 때문에 쓴맛이 비교적 적으며 물에도 잘 녹는 소듐염($C_7H_4NO_3SNa_2 \cdot H_2O$, 수용성 사카린)으로 합성하여 이것을 과자나 가공식품의 감미료로 쓰는 것인데 이것의 단맛은 1만 배의 물로 묽혀도 전혀 없어지지 않고 남는다.

4. 사카린의 역사

합성 감미료인 사카린은 라틴어로 설탕이라는 뜻을 지니고 있으며 1879년 미국 존스 홉킨스 대학의 화학 교수였던 아이라 램슨(Ira Remsen, 1846~1927)과 유학생 독일인 제자 콘스탄틴 팔베르크(Constantin

Fahlberg, 1850~1910)에 의하여 처음으로 발견되었다. Tar에 포함된 화학 물질들의 산화 반응을 연구하고 있던 화창한 어느 날, 팔베르크는 연구와 관련된 실험을 마친 후 손을 씻지 않고 그대로 빵을 먹다가 아주 강한 단맛을 느꼈다고 한다.

팔베르크는 바로 그 단맛을 내는 물질이 사카린이라는 것을 분석을 통해 밝혀내 지도교수인 아이라 램슨과 공동으로 연구 논문을 발표했다. 그러나 발견한 사카린이 단맛의 효능으로 설탕을 대체할 아주 준수한 물질임을 감지한 팔베르크는 지도교수에게는 알리지 않고 혼자 특허로 출원하여 상상도 못 할 많은 돈을 벌었다고 한다.

5. 사카린의 대반전

합성 감미료인 사카린은 백색의 결정 또는 분말이며 그 맛이 매우 달콤해서 만 배의 수용액에서도 단맛을 느낄 수 있으나 약간의 쓴맛이 난다는 단점이 있다. 독성으로는 소화 장애와 신장 장애를 유발할 수 있으며 대사 경로는 생체 내에서 분해되어 소변으로 배설된다. 사카린의 인체 안정성을 분석하기 위해 실시한 실험에서 토끼에게 경구 투여 시 LD_{50}(lethal dose, 50% 치사량)은 5~8 g/kg, 쥐에서는 17.5 g/kg 정도로 알려져 있다.

사카린이 발암물질이라는 오명을 얻게 된 이유는 1977년 캐나다 국립보건연구소에서 실시한 연구 발표에서 '사카린을 투여한 실험 쥐의 방광에서 종양이 발견되었다'고 언급하면서부터이다. 그러자 세계 각국에서는 사카린의 사용을 제한하는 등 먹는 물질에서 퇴출시키며 발암물질이라는 오명을 얻게 된다. 그러나 1993년 국제 식품첨가물 전문가위원회와 1995년 유럽식품안전청의 재평가 연구 분석을 통해 '캐나다의 사카린 실험은 오류이며 사카린은 인체에서 암을 유발하지 않는다'고 발표하였다. 이 이후로부터 최근까지 다양한 용도로 가정이나 식품 가공 공장에서 활용되고 있다. 심지어 최근 사카린 연구 발표 자료에 의하면 '사카린은 암을 유발하는 발암제가 아니라 오히려 암세포 증식을 억제하는 항암제 역할을 한다'고 언급하고 있다.

특히 인공 감미료인 사카린은 열량이 전혀 없는 감미료이기 때문에 합병증이 걱정되는 당뇨병 환자나 비만인 사람에게 설탕 대신 사용할 수 있다는 장점이 있다. 또한 설탕보다 단맛이 300배 이상이 되니 결과적으로 가격이 싸며 과자나 음식이 갈색으로 변하는 현상이 적게 발생한다. 그리고 열에 비교적 안정적이라 물성의 변화도 적게 발생하는 장점들 때문에 오늘날 사카린은 천연 감미료인 설탕과 합성 감미료인 아스파탐에 이어 세계적으로 세 번째로 많이 사용되는 합성 감미료가 되었다.

우리나라의 식품의약품안전처에서는 사카린 소듐(수용성 사카린)을 어육 가공품, 청량음료, 뻥튀기 등 한정된 가공식품 품목에만 허용하다가 최근에는 건강기능식품, 케첩, 탁주, 소주, 빵과 아이스크림 등 다양한 종류의 식품 품목으로 사용 범위를 확대하였으며 식품마다 허용량은 각기 다르게 규정하여 실시하고 있다.

오늘날 건강을 걱정하는 현명한 소비자는 당뇨와 비만을 유발하는 설탕 대신 열에 강하며 열량이 전혀 없는 사카린을 사용하는 지혜가 필요하다. 더하여서 연구를 통해 만약 합성 사카린의 쓴맛을 완벽하게 제거하는 기술을 개발하는 사람이 있다면 그 과학자는 당장 세계적인 과학부호가 될 수 있을 것이며 노벨상까지 쟁취할 수 있을 것이다.

10 Chapter

아세설팜 포타슘

1. 무열량 감미료인 아세설팜 포타슘

기능성 감미료인 아세설팜 포타슘(acesulfame potassium)은 백색의 결정성 분말로 냄새가 전혀 없고 강한 단맛이 있으며 설탕이나 소르비톨 또는 과당 등의 다른 감미료와 같이 사용하면 감미의 상승효과가 있다.

분자량이 201인 아세설팜 포타슘의 분자식은 $C_4H_4KNO_4S$이다. K(포타슘) 화합물이므로 물에는 매우 잘 녹고 알코올에는 약간 녹는다. 무(無)열량 감미료인 아세설팜 포타슘의 감미도는 설탕의 약 200배 정도이며 앞서 언급했듯이 설탕이나 소르비톨 또는 과당과 같은 다른 천연 감미료와 섞어 사용하면 단맛의 상승효과를 직접 경험할 수 있다. 언급된 단맛의 상승효과 때문에 견과류나 앙금, 음료류, 가공유류 및 발효유류, 설탕 대체식품이나 영양 보충용 식품, 잼류나 절임류 등에 혼용하여 다양하게 사용된다.

고체 상태가 매우 안정된 아세설팜 포타슘은 저온 건조한 상태로 수 년간 방치해도 분해되지 않으며 pH 3 이상의 강한 산성 조건에서도 전혀 이온화하여 분해되지 않는다. 특히 강한 단맛은 낮은 농도에서 나타내나 높은 농도에서는 약간 고개를 기웃거릴 정도의 어색한 느낌의 뒷맛이 느껴진다. 그러나 중간 농도 정도의 감미에서는 높은 농도에서 느껴지던 다소 어색한 뒷맛과 기분이 좋지 않은 불쾌한 맛 등은 별로 느껴지지는 않는다.

2. 인공 감미료인 아세설팜 포타슘의 합성

아세설팜 포타슘은 독일 훽스트(Hoechst) 사(社)에서 Clauß and Jensen에 의해 1967년에 합성된 화합물이다. 그 과정은 처음에는 여러 가지 치환기를 바꾸어 가며 설탕 4% 용액에 대한 감미도가 20~200배 되는 화합물을 합성한다. 그중에 당도가 200배인 것을 선택하여 '아세설팜'이라 이름 지었고, 1978년 세계보건기구(World Health Organization, WHO)는 이 화합물의 포타슘염을 '아세설팜 포타슘'이라고 하였으며 미

아세설팜 포타슘의 구조

국, 독일, 영국, 스위스, 벨기에, 덴마크 등의 선진국들과 여러 국가에서도 사용이 승인된 합성 인공 감미료다.

설탕보다 매우 강한 감미도를 보이며 대부분 체내에서 분해와 흡수되지 않는 저칼로리라는 감미료의 특징이 있는 아세설팜 포타슘의 합성법은 다양하다. 그중에서 Sodium 4-chlorophenolate으로부터 4단계를 거쳐 합성하는 방법은 아래와 같다.

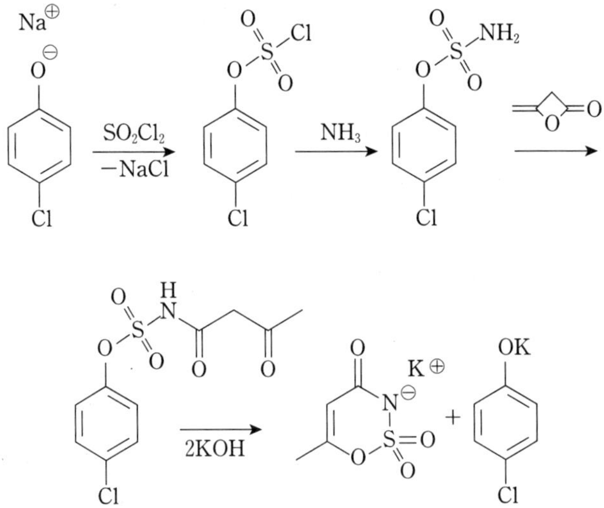

Sodium 4-chlorophenolate으로부터 아세설팜 포타슘 합성

첫 단계에서는 sodium 4-chlorophenolate를 sulfuryl chloride와 반응시켜 4-chlorophenylsulfurochloridate를 합성한다. 두 번째 단계에서는 암모니아와 반응시켜 4-chlorophenyl sulfamate를 얻을 수 있다. 세 번째 단계에서는 합성된 4-chlorophenyl sulfamate에 4-methyleneoxetan-2-one을 반응시켜 phenyl(3-oxobutanoyl) sulfamate를 합성한다. 마지막

단계로 합성된 phenyl(3-oxobutanoyl)sulfamate를 potassium hydroxide와 반응하여 인공 감미료인 '아세설팜 포타슘'을 얻을 수 있다.

3. 고온에도 안정

기능성 감미료인 아세설팜 포타슘은 1일 허용 섭취량(ADI, acceptable daily intake)이 0.0~15.0 mg/kg이며 맛이 좋고 높은 온도에서도 안정하여 각종 음료와 잼류 그리고 발효유 등에 첨가된다. 부피와 양적인 면에서 설탕을 적게 사용하는 효과를 보기 위하여 과일이나 채소, 그리고 어육 조림 등에 함께 첨가되며, 분자 구조상으로 박테리아나 효소에 의한 소화와 분해를 받지 않는 물질이어서 간장과 된장이나 소스와 식초 등에도 사용된다. 과자나 케이크 또는 빵 같은 제과에는 단맛을 가진 소르비톨이나 폴리덱스트린 등과 혼합하여 사용하며 높은 온도에서도 안정하여 빵을 굽는 온도가 높더라도 감미에 전혀 영향을 주지 않는다.

4. 인공 감미료 섭취를 굳이 피할 필요는 없다.

아세설팜 포타슘의 발암성 여부와 인슐린 분비에 대한 내분비계에 미치는 영향들에 대한 우려가 있기는 하지만 아직 연구가 덜 진행된 상태이며 뚜렷하게 악영향을 주는 현상은 발견되지 않은 실정이다. 그러나 최근한 연구의 동물 실험 결과에 의하면, 아세설팜 포타슘을 쥐에게 주입한 결과 인슐린 분비량이 증가하는 것을 관찰했지만 저혈당 증세는 일어나지 않았다. 쥐를 대상으로 종양이나 암에 대한 실험을 진행하였지만 연관성이 있는 결과는 얻지 못했으며, 어미 쥐의 젖이나 양수를 통해 새끼 쥐에게 흡수되는 현상은 있다고 보고되었다.

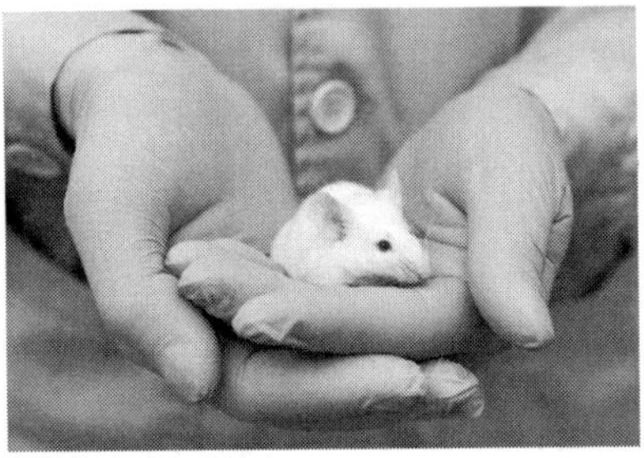

이러한 우려가 있음에도 불구하고 미국과 유럽에서는 인체에 안전하다고 보고 있고 FDA는 하루 15 mg의 섭취는 무해하다고 보고 있다. 만약 이 용량을 초과하려면 단것을 엄청나게 많이 먹어야 하는데 그것은 12온스의 코카콜라 제로 20캔을 매일 마셔야 하는 정도이다.

11 Chapter

아스파탐

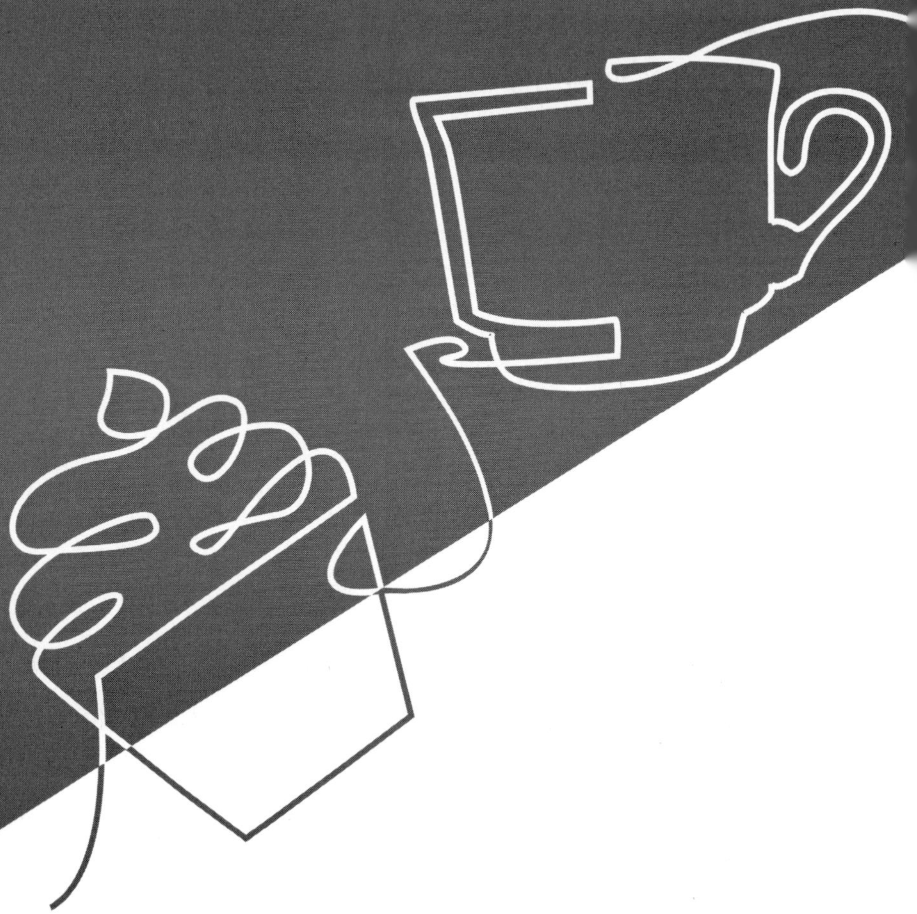

1. 인공 감미료인 아스파탐

아스파탐은 분자식이 $C_{14}H_{18}N_2O_5$이며 '아스파틸 페닐알라닌 메틸 에스터'의 상품명이다. 화학명은 N-(L-α-Aspartyl)-L-phenylalanine methyl ester이고 IUPAC 명명법에 의하면 Methyl L-α-aspartyl-L-phenylalaninate이다. 간단한 화학식은 H-Asp-Phe-OMe, 설탕(슈크로스)보다 약 200배 정도 더 달콤한 합성 인공 감미료이다.

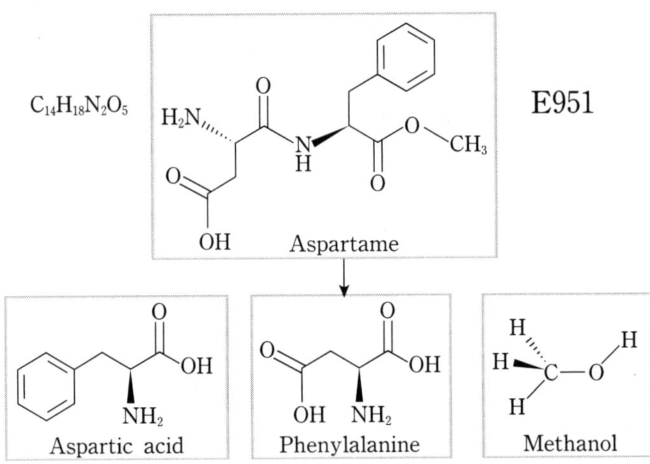

당도가 아주 높은 합성 감미료로 칼로리가 전혀 없는 아스파탐은 페닐알라닌과 아스파르트산이라는 두 종류의 아미노산으로 이루어진 합성

인공 감미료이며, 감미도는 설탕의 약 200배 정도이지만, 가공식품의 특성과 사용 농도에 따라 150~200배를 나타낸다.

당도가 아주 높은 감미료 중에서 설탕과 가장 비슷한 맛을 내며 합성된 인공 감미료의 일반적인 단점이라고 할 수 있는 쓴맛이 전혀 없다. 인체 내에서는 아미노산으로부터 합성된 것이기에 일반 단백질처럼 분해와 소화 그리고 흡수되며 물에 용해되었을 때 포도나 오렌지 그리고 레몬 등 과일의 향(香)을 배가시켜 주고, 일상생활에 쓰이는 의약품이나 다양한 커피 등의 쓴맛을 줄여주는 효과도 있다.

아스파탐의 성상은 흰색의 결정성 분말이며 냄새가 거의 없다. 아스파탐의 1 g당 열량은 설탕과 같은 4 kcal이지만, 설탕의 200분의 1 용량만 사용하여도 단맛이 충족되기 때문에 저칼로리 감미료로 매우 많이 사용되고 있다.

우리나라에서는 1985년에 제일제당에서 최초로 아스파탐을 합성 개발했으며 뒤이어서 녹십자도 자체 생산하고 있다. 이후 보건복지부에 의해 식품 첨가물로 지정받아 곡류 가공품과 껌 그리고 분말 청량음료와 탄산음료에 사용할 수 있었으며 1986년부터는 아이스크림과 빙과 그리고 잼과 주류 및 분말 수프에도 사용할 수 있게 되었다.

2. 아스파탐의 발견

아스파탐은 1965년 미국의 화학자 J.M. 슐레터가 위액 분비를 촉진하는 호르몬인 가스트린(gastrin)을 연구하는 중 아미노산이 2개 이상의 펩타이드 결합으로 연결된, 펩타이드 중간 생성물의 재결정화(recrystallization. 용매나 온도에 따른 용해도 차이를 이용해 원하는 물질을 다시 결정화시키는 방법) 과정에서 우연히 발견되었다. 프로테이스(protease. 단백질 분해 효소)를 반응 촉매로 사용하여 합성하는 등의 다양한 방법으로 합성할 수 있으며 특히 상업적 목적으로 개발되고 있다.

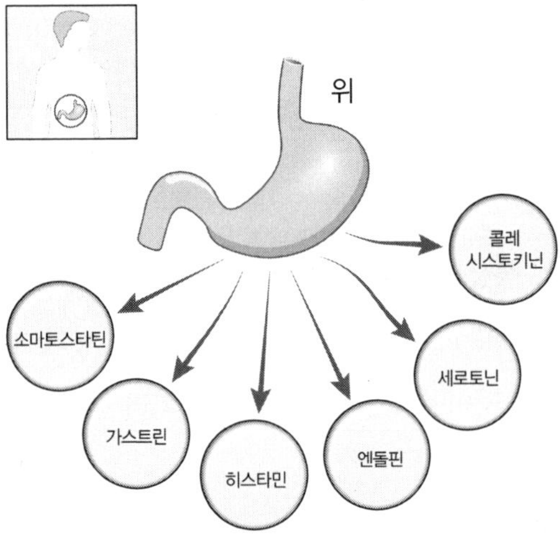

우연히 발견된 이후 수많은 생화학적이고 의약학적인 연구가 실시되었으며 시료의 안전성이 검토된 후에 지금부터 40년 전인 1981년 미 식약청(U.S. Food and Drug Administration)에서 합성 인공 감미료로 승인하였다. 현재는 인체에서 분해되어 존재할 수 있는 메탄올(methanol) 때문

에 의학적인 다툼이 있지만, 식품과 음료 그리고 제약 등의 첨가물로 여러 분야에 널리 사용되고 있다.

3. 아스파탐의 합성

아스파탐을 합성하는 방법에는 화학 합성법과 효소 합성법이 있다. 여러 화학적 합성법이 있지만 특허 등으로 묶여있기 때문에 일반적으로는 흥분성 아미노산인 아스파르트산(aspartic acid)의 카복시기와 필수 아미노산인 페닐알라닌(phenylalanine)의 아미노(amino)기를 탈수 축합 반응시켜 합성하는 방법이 널리 알려져 있다. 탈수 축합 반응이란 두 개의 분자가 결합하여 부산물로 물이 생성되는 단순한 화학 반응을 일컫는다.

펩타이드를 아미노산으로 분해하는 효소인 펩티데이스(peptidase)를 이용하여 합성할 수도 있다. 펩타이드(peptide)는 pH 변화와 온도 변화에 약해 pH 6 이상 혹은 80°C 이상에서는 6원자 헤테로 고리(six-membered heterocycle)가 형성된 diketopiperazine(5-benzol-3,6-dioxo-2-piperazine acetic acid)으로 분해된다.

3.1 아스파탐의 효소적 합성

아스파탐의 효소적 합성을 나타내면 다음 그림과 같다. 촉매로 사용되는 효소는 몇 가지 알려져 있으며 이 반응에서는 thermolysin을 사용하여 합성하였다.

Z−Asp−OH + 2 H−Phe−OMe

↓ Thermolysin, pH 7

Z−Asp−Phe−OMe·H−Phe−OMe

↓ H^+

Z−Asp−Phe−OMe

↓ $HCOONH_4$, Pd/C, MeOH

H−Asp−Phe−OMe

아스파탐의 효소적 합성

아스파탐의 효소를 이용한 합성은 어려운 work-up 과정과 생성물의 pH 변화와 온도에 의한 불안정함으로 인하여 다소 부산물이 생기는 과정이 있다.

3.2 아스파탐의 화학적 합성

한편 화학적 합성에도 다양한 합성법이 있으며 실제로 아스파탐의 화학적 합성 중에서 간단하지 않은 합성 하나를 아래에 제시한다.

먼저 부분 합성의 한 부분인, 아미노산의 가장 간단한 분자식을 가진 글라이신을 다음 반응을 위하여 아민기와 카복시기에 안정한 작용기로 보호한다. 그 후, 벤잘데하이드(benzaldehyde)와 염기 반응(aldol reaction)시켜 첫 중간체를 합성한 후 두 단계를 더 거쳐서 새로운 중간체를 합성해 놓는다. 그런 뒤, 또 하나의 부분 합성인 aspartic acid의 아민기와 곁사슬의 카복시기를 안정한 보호기로 보호한 물질에 $SOCl_2$와 반응시켜 반응성이 좋은 acyl chloride를 합성한다.

위의 두 가지의 부분 합성에서 얻은 두 종류의 새로운 중간체를 두 단계 더 반응시켜 인공 감미료인 아스파탐을 합성한다.

3.3 반응 mechanism

이 반응의 가장 유효한 반응 mechanism은 다음과 같다.

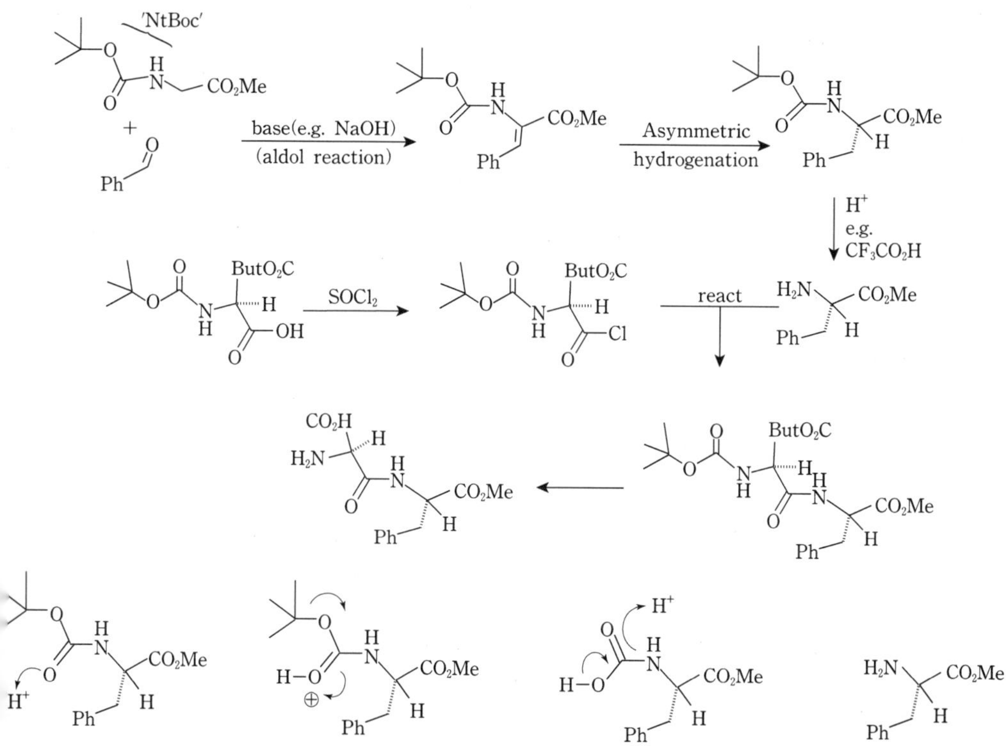

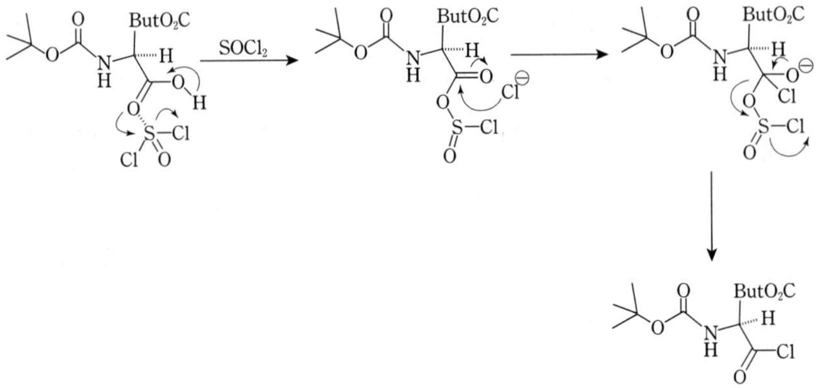
SOCl₂

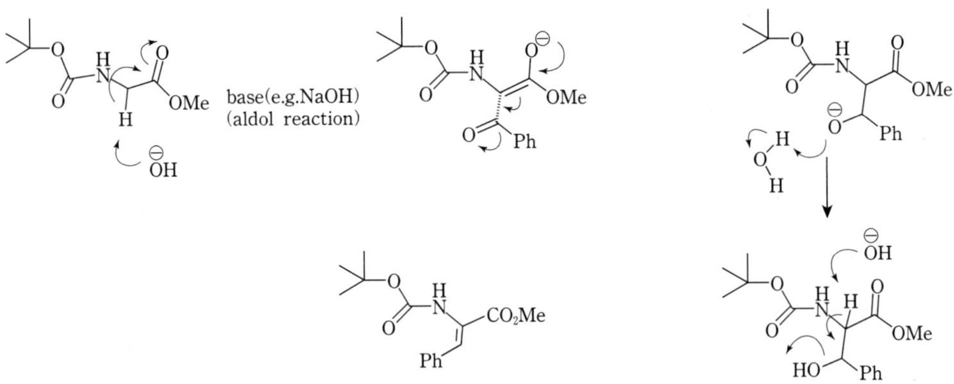
base(e.g.NaOH)
(aldol reaction)

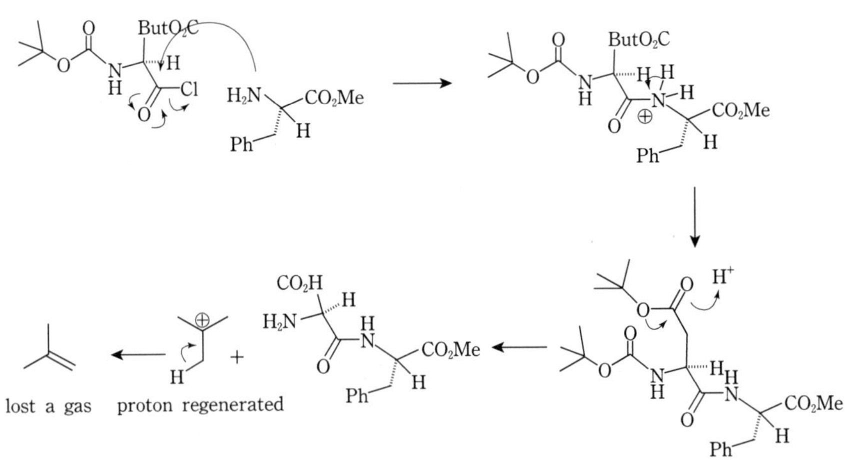
lost a gas
proton regenerated

4. 아스파탐의 분해

아스파탐은 설탕의 200배에 달하는 단맛을 내면서 사카린보다 맛이 좋다는 장점이 있지만 분자 구조상 열에 약해 열을 가하면 쉽게 분해되는 문제가 있다. 합성 인공 감미료가 분해되는 순간 단맛을 잃게 되는 것은 어떻게 보면 당연하며 그 이유로 인해 아스파탐은 저온의 청량음료에 주로 이용되고 있다.

아스파탐은 아미노산 두 분자가 펩타이드 결합하여 이루어진 합성 물질(aspartic acid와 phenylalanine의 methyl ester)이기 때문에 당과 마찬가지로 1 g당 4 kcal의 열량을 내지만 부피는 설탕의 1/200(아스파탐 1g이 설탕 200g의 단맛을 내는 수치)이라는 극히 적은 용량만 사용하기 때문에 적어도 열량은 무시해도 된다.

5. 다이어트 음료

우리가 피자나 맛있는 통닭을 먹을 때 마시는 일반 콜라는 주로 포도당(glucose)과 함께 과실 속에 들어있는 당분인 과당(fructose)을 감미료로 쓴다. 그런데 다이어트 음료인 코카콜라 제로나 펩시 다이어트 음료

에는 과당 대신에 합성 인공 감미료인 아스파탐으로 달콤한 맛을 낸다.

같은 달콤한 맛을 낼 때 아스파탐의 칼로리는 과당의 1/120 이하여서 거의 무시해도 될 정도이므로 영양가와 열량에 관한 고민을 하지 않고 마음껏 콜라를 즐길 수 있다. 그러나 앞서 간단히 언급했지만 분자 구조상 열에 다소 약해 잘 분해되어 우리 몸에 악영향을 줄 수 있는 메탄올을 생성하므로 아스파탐 및 이를 함유하는 제제의 사용량은 빵과 견과류 그리고 혼합된 제조용 믹스에서 0.5% 이상 사용하지 못하도록 철저히 제한하고 있다.

6. 대사 장애가 없는 자연 당

일반적으로 합성 인공 감미료는 지방 및 단백질과 같은 분자량이 큰 거대 분자의 분해를 담당하는 특정 유전자 변이에 의한 활성을 변화시킴으로써 신진대사 장애에 영향을 미친다. 이는 우리 몸에 인슐린이 정상적으로 작용하지 못하게 하는 인슐린 저항성을 통하여 신체의 혈관을 감싸는 세포를 손상시켜 심혈관 질환에 영향을 주는 현상으로 일반적인 설탕과는 완전히 다른 작용과 반응 과정을 보여준다.

지극히 놀라운 점은 포도당과 과당 등 자연에서 추출된 당에서는 이러한 신진대사 변화가 일어나지 않는다는 것이다. 바로 이것은 합성 인공 감미료가 자연에서 생산된 천연 당들과 완전히 다른 반응과 작용 과정으로 당뇨병과 비만 등의 잘못된 신진대사로부터 발생한 질환에 지대한 영향을 끼친다는 것을 알려준다.

우리가 자주 접하는 내용인 과도한 설탕 섭취는 비만과 만성 염증 또는 이것들로 인해 진행되는 제2형 당뇨병과 심장병 그리고 암 등 심각한 건강상의 문제들과 많은 관련이 있다. 이러한 과량의 설탕 섭취에 대한 문제점을 해결하는 대안으로 나온 것이 바로 합성 인공 감미료이지만 합성 인공 감미료는 건강과 영양에 관하여 다양하게 충돌되는 논쟁의 여지가 많다. 하지만 사회적으로 널리 사용되고 있는 만큼 지금부터라도 합성 인공 감미료가 인체에 어떠한 영향을 끼치며 그 영향을 최소화할 수 있는 현실적인 방안을 제시하는 꾸준한 노력이 필요하다.

7. 당뇨병

자주 언급했듯이 합성 인공 감미료인 아스파탐은 우리가 즐겨 마시는 음료수뿐 아니라 소주에도 첨가되어 있다. 하지만 분자구조 상으로 열에 약해서 높은 열을 가하면 달콤한 맛을 내는 분자구조가 깨어지는 물리적 성질 때문에 오븐 등 높은 열을 통해 만들어지는 과자나 빵을 만들 때는 넣지 않는다. 또한 일반 화학실험 하는 중에 분자 구조상 발생한 광학 이성질체(물리적·화학적 성질은 같으나 광학 활성만 다른 두 물체, 즉 거울상 관계인 분자)는 전혀 다른 화합물이라는 것에 대하여 설명할 때 자주 등장하는 내용이다. 아스파탐을 합성하면 단맛을 내는 LL-아스파탐 외에도 LD-아스파탐, DL-아스파탐, DD-아스파탐의 3가지 광학 이성질체가 추가로 생성된다. 이 네 가지의 광학 이성질체가 모두 혼합되어 합성되므로, 분리되지 않은 아스파탐은 처음에는 쓴맛을 낸다. 연구 경비가 많이 들어가지만 우리는 합성 과정과 분리 과정을 통해 단맛이 있는 LL-이성질체만을 분리해서 사용하고 있다.

어렵게 얻어지는 아스파탐은 아스파르트산과 페닐알라닌이라는 아미노산이 결합된 기본구조로 되어 있다. 유전적으로 선천성 정신질환인 페닐케톤뇨증(PKU, phenylketonuria)을 앓는 환자에게는 페닐알라닌 분해효소(dipeptidase)가 없어서 아스파탐의 출발 물질 중 하나인 페닐알라닌이 축적되어 뇌에 치명적인 영향을 입힐 수 있어서 위험하다.

물론 정상적인 일반인은 분해가 잘 되어 아무런 문제가 없지만 합성 인공 감미료의 일반적인 부작용이 두통과 어지럼증 등이므로 복용 후 약간의 이상이라도 느껴지면 즉시 복용을 중단해야 한다. 그러나 당뇨병 환자에게는 이보다 더 좋은 물질이 없는데 아스파탐은 인슐린과의 관계성이 없어서 혈당을 전혀 올리지 않기 때문이다. 만약 여러분들이 제로-칼로리 콜라를 먹었는데 살이 찐다면, 그 이유는 감자튀김, 피자와 통닭 같은 것을 곁들여서 많이 섭취한 것이 문제라고 볼 수 있다. 즉 합성 인공 감미료인 아스파탐을 먹더라도 다른 음식의 분량을 통제하며 전과 같이 섭취한다면 건강에는 아무런 문제가 없다.

8. 체내 독성

앞서 언급했듯이 아스파탐의 사용상 유해 논란은 페닐알라닌의 카복시기(−COOH)에서 에스터화된 부분의 가수분해를 통해 생성된 메탄올의 문제이다. 아스파탐은 대부분이 인체에서 분해되거나 흡수되지 않고 체외로 배출되나 이 과정에서 10% 정도는 소장에 남아 분해 과정을 통해 메탄올로 분해된다. 그리고 메탄올은 다시 산화되어 자극성 냄새를 갖는 가연성 무색기체인 폼알데하이드(formaldehyde)가 되어 체내에서 폐포의 파괴와 불규칙한 확장을 야기하는 폐기종을 일으킬 수도 있다.

그러나 아스파탐의 분해를 통해 발생하는 메탄올은 술을 마신 후에 발생하는 메탄올의 양에 비하여 극히 적으며 각종 규제에서 정한 아스파탐의 하루 섭취 한도량은 메탄올의 생체 반응 과정을 통해 야기되는 위해가 발생할 양보다도 훨씬 적다.

12 Chapter

둘신

1. 사용이 금지된 인공 감미료, 둘신

백색 또는 무색의 침상 결정체인 인공 감미료 둘신의 화학식은 $C_9H_{12}N_2O_2$이며 분자량은 180이다. 화학적 구조는 12개의 수소 원자, 9개의 탄소 원자, 2개의 질소 원자 그리고 2개의 산소 원자로 구성되어 총 25개의 원자로 형성된다. 사카린 제조 시 부수적으로 생기는 물질인 둘신 분자에는 총 25개의 화학 결합이 있다. 이는 13개의 비(非)수소 결합, 7개의 다중 결합, 3개의 단일 결합, 1개의 이중 결합, 6개의 방향족 결합, 1개의 6원자고리, 1개의 요소(–싸이오) 유도체 그리고 1개의 에터(방향족)로 구성되어 있다. 둘신의 IUPAC 이름은 p–에톡시페닐유레아(p–ethoxyphenylurea)이다.

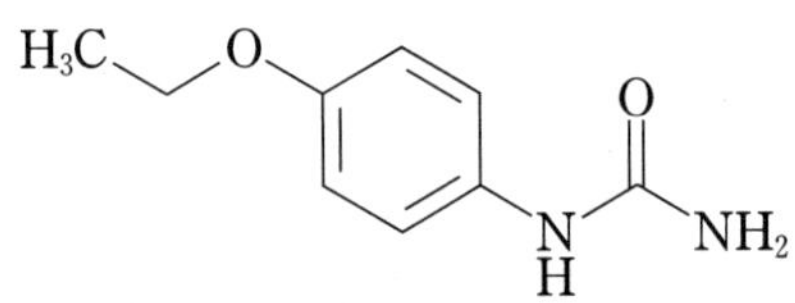

둘신의 구조

합성 인공 감미료인 둘신은 설탕보다 250배나 더 단맛을 내는 물질이다. 인공 감미료인 사카린 이후 새롭게 개발돼 활발히 사용되었지만 인체 활성 실험을 통해 분석한 결과 간에서 종양이 발생하는 등의 여러 가지 인체 유해성 문제가 심각하게 언급되자 우리나라에서는 사용이 금지되었다.

둘신은 설탕보다 훨씬 달지만 열량이 거의 없고 비만과 혈당에 관여되는 당(糖)을 함유하고 있지 않아 미용이나 건강 그리고 식이요법을 하는 사람과 비만과 당뇨병 환자에게 설탕 대체 물질로 많이 이용되었다. 그 감미도는 물에 용해되어 0.0001% 농도로 희석되어도 달콤한 단맛을 감지해 낼 수 있을 정도였다.

둘신은 온도가 낮은 물(100 mL에 0.125 g 녹음)에는 잘 녹지 않으나 뜨거운 온수(100 mL에 2.0 g 녹음)에는 더 잘 녹는다. 또한 둘신은 공기 중이나 열에 대해 비교적 안정한 편이지만 보존 기간을 지나거나 높은 온도로 장시간 가열하면 복숭앗빛으로 변색 되며 분해된다. 인체에 도움을 주는 영양분은 전혀 없으며 복용하면 그 일부가 분해 흡수되어 소화 효소에 대한 억제 작용을 하여 소화력을 약화시키며 장시간 복용 시 간에 종양이 발생하는 경향이 있다. 인체 내에서 소화 분해되어 생기는 p-아미노페놀(p-amino phenol)은 혈액으로 들어가 적혈구를 파괴하는 혈액독(血液毒)을 일으켜 중추신경계에 악영향을 준다.

2. 둘신의 합성

2.1 해열제인 acetaminophen을 출발 물질로 하는 합성

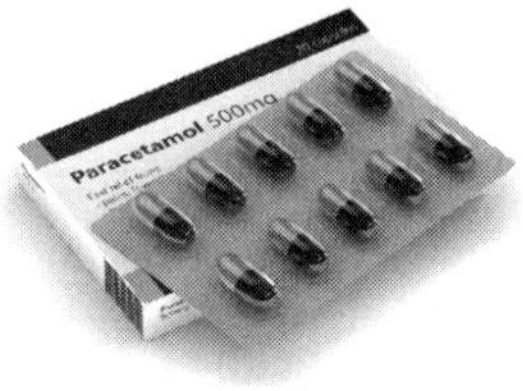

합성 인공 감미료인 둘신의 합성법 또한 여러 가지가 있지만 여기에서는 진통 해열제로 잘 알려진 acetaminophen(상품명: tylenol, paracetamol 등)을 출발 물질로 하여 3단계를 거쳐서 p-ethoxyphenylurea인 둘신을 합성하는 방법을 제시한다.

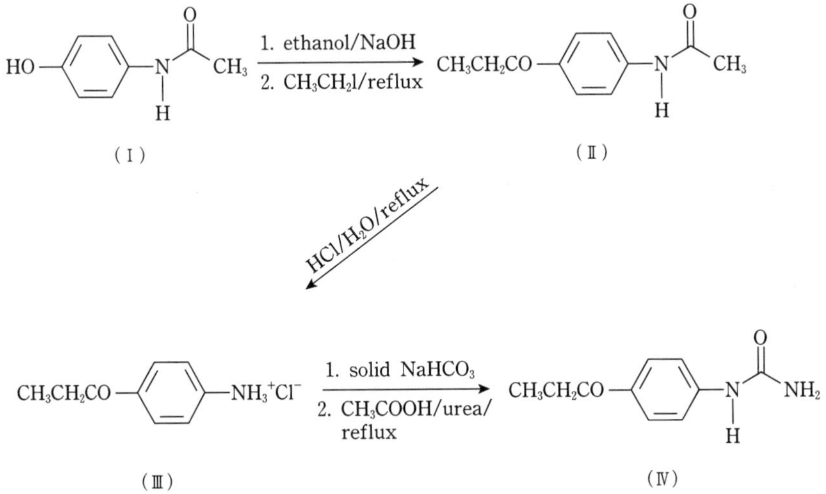

먼저 NaOH가 들어있는 ethanol 용액에 출발 물질인 acetaminophen(I)과 ethyl iodide를 15분 정도 가온 환류시키면 phenacetin(II)을 얻을 수

있다. 그 다음으로는 얻어진 phenacetin(II)을 HCl 산성 용액 하에서 가수분해(hydrolysis)하면 *p*-phenetidine hydrochloride salt(III)을 합성할 수 있다.

3번째 단계에서는 고체 상태인 $NaHCO_3$를 *p*-phenetidine hydrochloride 용액에 넣어 pH를 조절한 후 acetic acid와 urea를 첨가하여 가온 환류시키면 인공 감미료인 둘신(IV)을 얻을 수 있다.

2.2 사카린 제조 시 부산물로 생성되는 둘신

이러한 둘신의 합성법은 단계마다 어려운 work-up 과정이 존재하며 난해한 chemistry를 요구하는 실험이기 때문에 과학도의 흥미를 충분히 자극할 것이라고 본다. 둘신은 사카린을 제조할 때 그 부산물로 생성되어 β-Ethoxyphenylurea라고도 불린다.

3. 둘신의 독성

우리나라에서는 1962년에 보건복지부에서 둘신을 식용 물질로 허용해 사용했지만, 미국 등의 일부 선진국에서는 1950년대부터 둘신이 인체의 간에 선종을 유발하고 혈액과 중추신경에 장애를 주는 것을 연구분석을 통해 알아내 악성 유해물질이라고 기피되는 인공 감미료였다. 몇몇 국내 식품과 의약학 전문가들도 외국 논문이나 연구를 통해 둘신이 유독하다는 사실을 이미 알고 있었으나 1960년대 초 우리나라는 인공 감미료의 사용에 대한 합법과 불법 여부 그리고 유해와 무해 정도를 판단할 수 있는 기준이 거의 확립되어 있지 않아서 둘신을 많이 활용하는 실정이었다.

합성 인공 감미료는 앞서 언급했지만 대부분 비영양성 감미료(non-nutritive sweetener)이며 일반적으로 영양성 감미료와의 차이는 인체에서 열량(칼로리)이 존재하느냐 존재하지 않느냐에 달려 있다. 열량 칼로리가 없는 감미료는 마치 신이 내린 선물처럼 여겨져 비만이거나 당뇨가 있는 사람들보다 오히려 일반 가정과 식이요법을 하는 사람들에게 더 인기가 좋았다. 몇몇 일부 합성 인공 감미료들은 비만과 당뇨를 유발하는 정제 설탕을 대신할 수 있는 좋은 대체품으로 각광을 받았지만 연구를 통하여 인체 부작용이 계속 밝혀지는 것이 가장 큰 문제였다.

둘신의 경우도 설탕보다 약 300배의 강한 단맛을 가지는 장점에도 불구하고 인체 부작용이 문제가 되었다. 앞서 다양하게 언급했듯이 합성 인공 감미료인 둘신의 인체 부작용은 두통을 비롯하여 이유를 알 수 없는 비만 유발과 심혈관 질환 등이었다. 게다가 장기간 사용할 시 혈액에 들어가 적혈구를 파괴하는 혈액독을 일으켜서 결국 합성 인공 감미료로 사용이 금지되었다.

13 Chapter

합성 감미료가 설탕보다 더 달게 느껴지는 이유

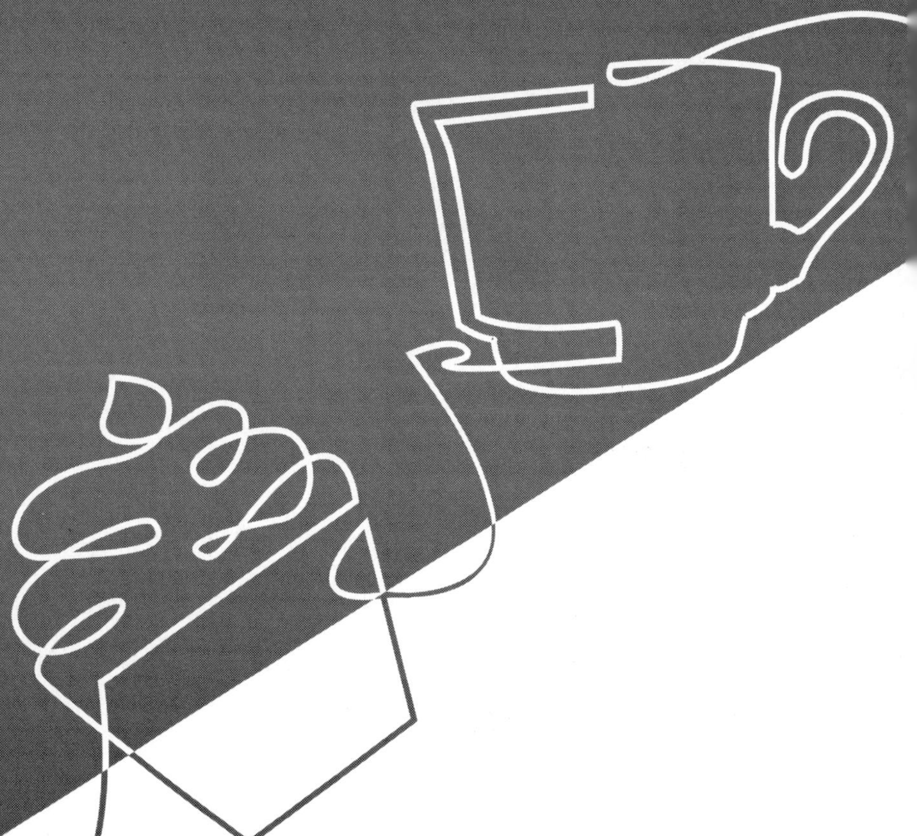

1. 단맛을 좋아하는 이유

사람들이 단맛을 좋아하는 이유는 무엇일까? 단맛을 내는 물질은 우리 몸에서 분해되어 에너지원이 되기 때문에 생존에 매우 중요하다. 인간은 단맛을 잘 느낄 수 있도록 진화되었으며 단맛은 에너지가 되는 물질이 들어있다는 것을 알려 주는 지표가 된다고 할 수 있다.

2. 단맛 수용체

미뢰(味蕾)는 혀와 연구개(軟口蓋)에 분포하며, 유두라는 돌출된 구조물에 둘러싸여 있다. 이 구조물 안에는 미각세포가 있고, 미각세포의 미각 수용체에 의해 맛을 느낄 수 있다. 미각 수용체는 침에 녹아 들어간 화학 물질에 의해 자극을 받는 화학 수용체이다.

주로 혀에 많이 분포하는 미뢰는 모두 비슷한 구조를 가지고 있으나 미각에 대한 감수성은 각각 다르다. 혀의 끝부분은 단맛, 앞부분은 짠맛, 옆 부분은 신맛, 뒷부분은 쓴맛에 민감하다고 보며 대부분의 미뢰는 한 가지 이상의 맛에 반응하는 것으로 되어 있다.

미뢰에는 5가지 맛을 가진 물질들과 가역 결합을 할 수 있는 미각 수용체가 있다. 단맛을 느끼게 하려면 단맛 수용체를 활성화하면 된다. 즉 단맛은 단맛을 내는 물질의 분자가 '단맛 수용체'에 닿는 순간에 느껴진다. 마치 열쇠와 자물쇠의 관계처럼 설탕 분자가 수용체에 결합되면 수용체의 구조가 바뀌면서 세포 안에서 일련의 신호 전달 과정이 일어나게 되는 것이다. 단맛 수용체가 다른 수많은 분자 중에서 유독 설탕처럼 단맛을 내는 분자만을 감지할 수 있는 것은 특징적인 분자의 구조와 모양에 기인한다.

3. Sweetness triangle

설탕의 해악을 알면서도 차마 단맛은 포기하기가 힘들어서 그 대안으로 인공 감미료를 선택하는 사람들도 많다. 단맛이 나는 물질은 분자 차원에서 특유의 삼각형 구조를 포함한다. 이를 Sweetness triangle이라고 하는데 이 삼각형 구조가 혀에서 단맛을 느끼는 미각 수용체의 삼차원 공간에 딱 들어맞는다는 것을 알 수 있다.

설탕도 이런 삼각형 구조로 되어있으며 설탕보다 더 단맛이 많이 나는 인공 감미료는 미각 수용체에 더욱 잘 들어맞는 삼각형 구조로 되어 있다.

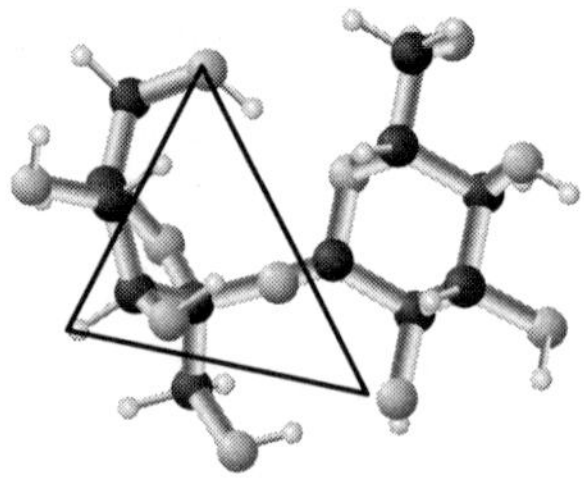

Sucrose의 Sweetness triangle

맛 수용체와 단맛을 가진 물질과의 가역 결합을 아래 그림에 표현하였다. 배경의 삼각형은 단맛 수용체의 구조 모식도이며 그 위에 검은색으로 그려진 여러 삼각형은 단맛이 나는 물질의 구조인데 이들은 모두 삼각형 구조로 되어있음을 알 수 있다. 이 삼각형 구조가 맛 수용체의 삼각형 구조와 완벽하게 들어맞으면 기가 막힌 단맛이 나게 된다.

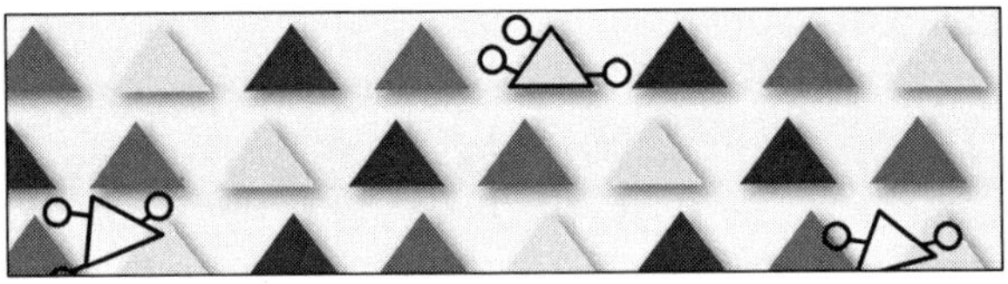

4. 화학의 발달과 화학자들의 헌신적인 노력

가격이 저렴한 인공 감미료인 사카린(saccharin)이나 아스파탐(aspartame) 등이 널리 보급된 것은 화학의 발달과 아울러 화학자들의 헌신적인 노력이 있었기 때문이다.

합성된 인공 감미료는 설탕의 주성분인 자당보다 단맛이 매우 강한데, 이것은 맛 수용체와 가역 결합하는 설탕과 인공 감미료의 분자 구조

차이 때문이다. 인공 감미료는 설탕보다 단맛 수용체에 훨씬 강하게 결합하여 더욱 강한 단맛을 느끼게 한다.

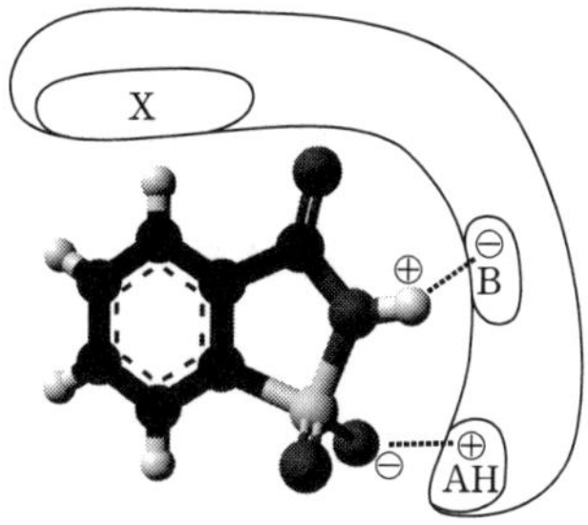

맛 수용체의 반응 활성 자리와 결합하는 사카린(saccharin)

5. 단맛 수용체의 활성화

어떤 물질이 단맛을 내게 하려면 단맛 수용체를 활성화하면 된다. 단맛 수용체는 단순하게 표현하면 삼각형 틀(triangle frame)이며 이 삼각형의 틀에 잘 들어맞는 물질이라면 무엇이라도 단맛을 내게 된다.

사카린과 유사한 인공 감미료인 아스파탐(Aspartame)의 단맛은 설탕의 500배이며 그 구조 또한 그림에서 볼 수 있듯이 단맛의 삼각형이 설탕

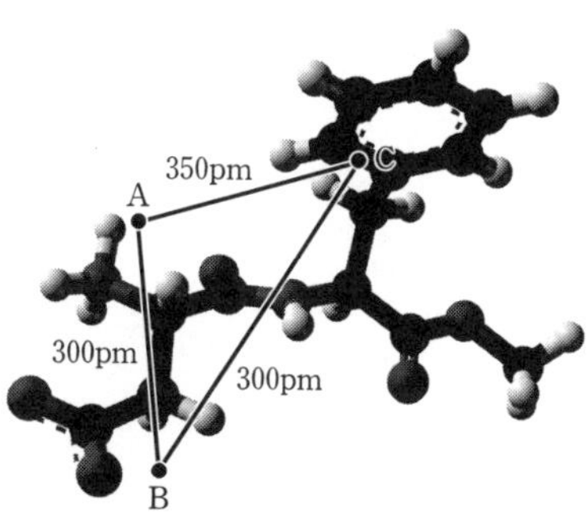

아스파탐(Aspartame)의 sweetness triangle

(sucrose)보다 아주 잘 들어맞는 구조로 되어 있다.

앞서 강조했듯이 단맛을 낼 수 있는 물질이 당이든 아미노산이든 그 외의 분자 구조를 가진 물질이든 간에 그 분자 구조에 제대로 된 삼각형 구조만 있다면 단맛 수용체와 확실히 결합할 수 있게 되어서 강렬한 단맛을 내는 새로운 물질이 탄생할 수 있음을 알 수 있다.

14 Chapter

타우마틴

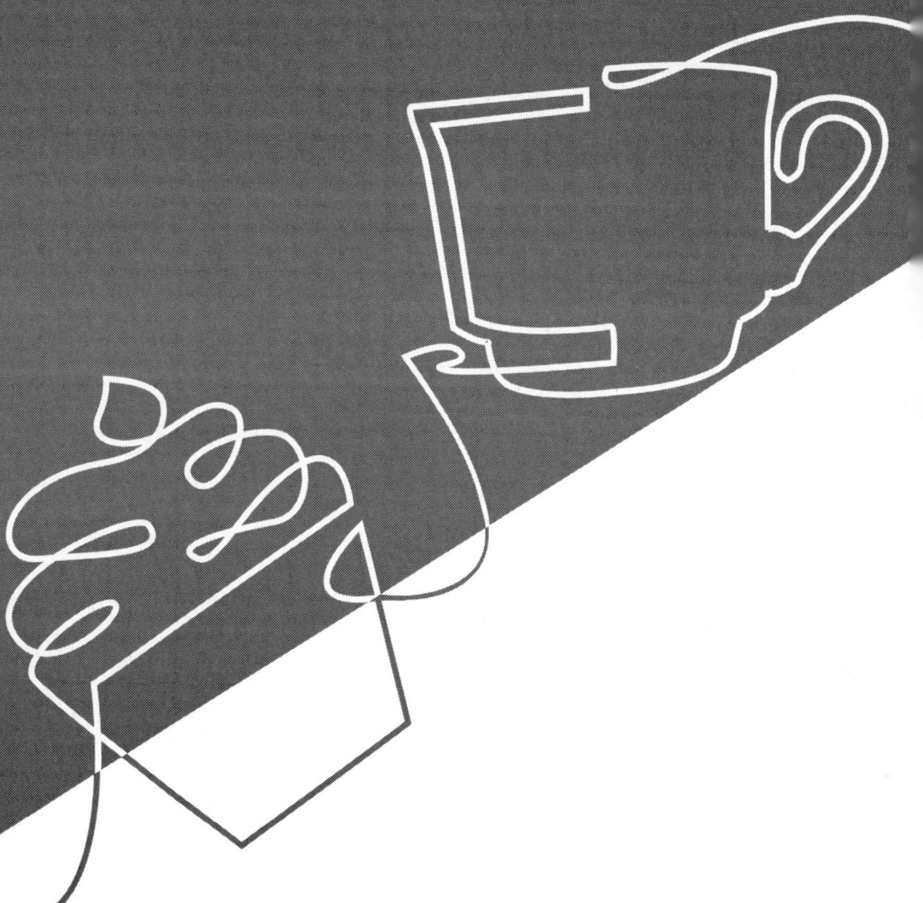

1. 타우마틴은 천연 감미료이며 풍미 증진제

타우마틴은 서아프리카의 열대우림에 자생하는 katemfe fruit—타우마토코쿠스 다닐엘리이(*Thaumatococcus daniellii* Benth)—의 열매를 물로 추출한 후 정제하여 얻어지는 단백질 감미료이다. 단백질이기에 가열하면 변성되어 단맛이 없어진다. 타우마틴은 천연 감미료의 일종이며 분자량은 약 21,000 정도로 I, II, III의 3종이 알려져 있다. 열에 매우 약하기에 가열하면 변성되어 단맛이 사라지기 때문에 빙과와 청량음료 그리고 저에너지 감미료와 함께 사용한다.

약한 황갈색이나 회갈색을 띠는 타우마틴은 냄새와 쓴맛이 거의 없으나 강렬하고 청량하며 달콤한 감미가 있다. 물에 매우 잘 녹으며 산성 조건에서도 다소 안정적이다. 헤모글로빈 속에 대량으로 존재하는 염기성 아미노산인 히스티딘을 제외한 대부분의 아미노산을 함유하고 있다. 감미도는 설탕의 5,000~8,000배 정도로 상당히 높으며, 8% 설탕에 비하여 2,500~3,000배의 달콤함을 주며 향미 증강 작용도 아주 강하다.

몇몇 합성 인공 감미료나 천연 감미료와 비교하여 뒷맛이 쓰거나 불쾌한 맛이 거의 없고 아주 개운한 감미를 가진다. 천연 감미료인 설탕에 비해 무척 천천히 달콤한 맛을 느끼기 시작하지만 그 지속시간은 길다.

앞서 언급했듯이 단백질 감미료이기에 열에 안정하지는 않지만 등전점(isoelectric point)은 pH 11.5~12.5로 산성에서도 비교적 안정적이어서 분리나 침전 혹은 뿌옇게 흐려지는 백탁 등이 일어나지 않는다. 여기서 등전점이란 분자가 전해할 때 알짜 전하를 갖지 않는 용매의 pH를 말한다. 하루 허용섭취량(ADI, acceptable daily intake)은 규정되어 있지 않으며 생쥐나 실험용으로 사용하는 흰쥐인 랫트에 경구 투여할 시 LD_{50}(lethal dose for 50% kill)은 20 g/kg 이상이다.

야생 katemfe 열매

타우마틴은 향료와 향신료 그리고 조미료 등의 식품소재 자체가 가진 자연 풍미를 증강시키는 효과가 있어서 처음에는 풍미 증진 효과로 무척 주목받았다. 특히 타우마틴은 아미노산으로 이루어진 단백질 거대 분자로 분자 구조 내에 양이온($-NH_3^+$)과 음이온($-COO^-$)을 모두 가지고 있다. 짠맛을 나타내는 음이온이 타우마틴 분자 내에 있는 양이온과 결합하여 짠맛을 경감시켜 주며 산미(酸味)를 내는 수소 이온(H^+)도 분자 내의 음이온과 결합하여 상쇄된다. 이런 생화학적인 효과에 의해 타우마틴은 감미료와 풍미 증진제로 사용되어 커피나 홍차의 풍미 향상과 불쾌한 쓴맛이나 신맛 그리고 거세고 텁텁한 맛인 떫은맛을 완화시켜준다. 비타민이나 무기질의 다소 거북스러운 불쾌한 맛과 특유의 비릿함이 있는 콩의 비린 맛을 없애주는 데도 사용된다.

2. 생물학적 역할

타우마틴은 katemfe 열매가 바이러스성 병균의 공격에 대항할 때 발생되는 물질이며 타우마틴 단백질과 같은 단백질 계열에 속하는 다양한 내막이 여러 곰팡이와 균체 성장에 저항을 한다는 실험 결과도 있다. 타우마틴은 그 정확한 역할이 완전히 알려지지 않았지만 식물이 체계적으로 저항을 획득하고 스트레스를 극복하여 병원균에 대항하는 기전을 가지는 PR(pathogenesis-related, 병적 상태의 발전 혹은 병리학적 진행 과정) 단백질 성분의 일종이라고 밝혀졌다. PR 단백질은 병원성 관련 단백질이며 병원균이 식물을 공격할 때 생산되는 단백질이다. 식물이 병원균에 감염되면 PR 단백질을 생산하는 유전자가 활성화되고 그 단백질 중 일부는 박테리아 또는 곰팡이의 세포벽에 있는 분자를 공격하는 항생제 역할을 한다. 또한 병원균에 감염이 되었다는 소식을 인근 세포로 전파하는 신호를 보내는 기능도 한다.

바이러스의 공격으로 유도된 강렬한 단맛을 내는 타우마틴 성분 중 타우마틴 단백질I은 207개 잔기를 가진 1개의 단일 폴리펩타이드 사슬로 구성되어 있다. 다른 병원성 단백질과 마찬가지로 타우마틴은 beta-turns를 많이 포함하면서 나선 구조는 별로 포함하지 않는 베타 구조를 가질 것으로 예측된다. 타우마틴은 인간의 미각 수용체인 TAS_1R_3과 상호 작용하여 달콤한 맛을 느끼게 하며, 그 달콤한 맛은 인간과 유인원(類人猿)과 성숙한 원숭이만 느낄 수 있다고 한다.

3. 맛과 수용체

우리가 어떻게 단맛을 느낄 수 있는지 그 반응 기전을 당과 맛 수용체와의 화학적인 결합으로 단순하게 표현하면 아래 그림과 같다. 단맛이 나는 물질의 부위 AH, B, X 각각은 맛 수용체의 B, AH, X 각 부위와 각각 수소 또는 수소 결합으로 결합하여 단맛을 느끼게 한다. 아래의 그림에서 살펴보면 아미노산인 경우 카복시기(–COOH)가 수소 이온 공여체로 작용하며, 아미노기(–NH_2)가 수소 이온 수용체로 작용하고, X에 해당하는 ethyl gorup 이하의 잔기를 가진 아미노산으로는 글라이신과 알라닌이 해당한다. 설탕(sucrose), 포도당(glucose), 과당(fructose)의 경우는 수산화기(–OH)가 수소 이온 공여체와 수용체의 역할을 한다.

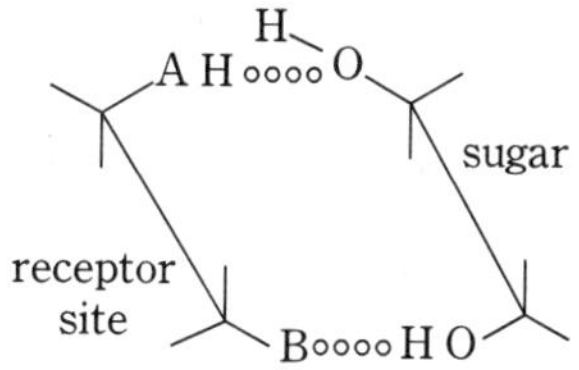

AH–B–X (당의 경우는 AH–B)　AH: 수소 이온 공여체

B: 수소 이온 수용체　　　　　X: 소수기

4. 천연 고감미 신소재

많은 기업이 혈당 상승과 비만에 대한 걱정에서 벗어날 수 있는 식품을 만들기 위하여 노력하고 있으며 당(糖) 걱정을 할 필요가 없는 건강한 식품을 만들기 위해서 설탕을 대체할 수 있는 소재의 개발에 전력을 다하고 있다. 특히 단맛의 정도가 설탕보다 매우 높은 감미도를 가진 고감미 천연 소재는 글로벌 식품 회사에게 중요한 관심사가 되고 있다. 천연 고감미 소재라고 하면 일반적으로 중남미 열대 산간지방의 식물인 스테비아 추출물이나 중국 구이린 지역의 다년생 식물인 나한과에서 추출한 추출물 등 허브 추출물을 많이 떠올리지만 가장 주목을 받는 건 바로 식물 당단백질이다. 그 감미도가 설탕의 수천 배에서 수십만 배까지 달하기 때문에 식물 당단백질은 가장 인기 있는 감미 연구 주제이고 특히 타우마틴과 서부 아프리카 식물인 *Dioscoreophyllum cummisii* 열매에서 추출된 모넬린 등이 대표적인 천연 고감미 단백질성 신소재로 주목을 받는다.

단백질성 감미료인 타우마틴은 처음에 현지에서 재배되어 음식과 음료의 맛을 내기 위해 사용되는 정도에만 그쳤으나 그 성분이 열대과일의 씨앗에 함유된 당단백질이고 설탕의 약 3천 배에 달하는 감미도를 가지는 식물 단백질임이 밝혀졌다. 특히 설탕과 거의 유사한 달콤한 맛을 지니고 있기 때문에 다른 단백질성 감미 소재보다 매우 우수한 장점을 가지고 있는 것도 밝혀졌다.

그러나 나무 열매에 함유된 타우마틴의 양은 비교적 적은 편이었고 아프리카의 대표적인 분쟁지역에서 주로 분포하는 탓에 열매의 수확과 유통이 매우 곤란하였다. 그 결과 katemfe 나무의 열매는 매우 귀한 원료가 되었고 여기에서 추출한 95% 타우마틴 추출물은 위험수당까지 붙어서 kg 당 1천만 원이 넘는 고가에 거래되어 부르는 게 값일 정도였으니 어지간한 귀금속이나 보석보다 귀한 물질이었다.

1970년대 후반에 식음료 글로벌 선두기업인 테이트 & 라일(Tate & Lyle)은 가나와 아이보리코스트 그리고 라이베리아 등에 농장을 경영하면서 Talin이라는 브랜드로 최초의 상업화를 시도하며 타우마틴을 추출하기 시작하였다. 그 이후 생산 공급과 미각 마비, 단백질 고유의 용해도 저하 등의 문제 때문에 타우마틴의 발현 유전자를 규명해 내어 유전자 삽입을 통한 재조합 생명공학으로 대량 생산할 수 있는 기술이 연구되었다.

산업적 이용에 관한 연구가 본격화된 것은 1980년대 중반 미국의 식품회사인 Beatrice Foods 사에서 타우마틴 생산 유전자를 효모에 삽입하여 발효를 통해 대량생산하는 기술을 개발한 이후부터이다. 영국과 네덜란드 국적의 세계적인 생활용품 다국적 기업인 유니레버(Unilever) 사에서는 유전자 재조합 기술을 이용하여 대량생산하는 기술 개발 연구를 시작하였으며 1990년대 유니레버의 연구자들은 타우마틴 I과 타우마틴 II

라고 불리는 두 가지 주요 단백질을 분리하고 분자 생물학과 유전학에서 가장 기초적인 자료를 제공하는 염기 서열과 아미노산 서열을 보고하였으며 또한 유전자 조작 박테리아에서 타우마틴을 발현할 수 있었다.

5. 생합성 당단백질의 상품화

세포에 다른 세포로부터 분리한 유전자 조각(DNA 조각)을 인위적으로 재조합하는 것을 재조합 DNA(DNA recombinant)라 한다. 이러한 재조합 유전자를 통하여 대량 생산에 성공한 생합성 타우마틴은 식품 안전성 승인의 벽을 통과하지 못하여 아직까지는 상품화가 되지 못하고 있는 실정이다. 단백질성 감미료인 타우마틴은 여러 국가, 즉 미국과 유럽 그리고 일본과 한국 등에서 식품 첨가물로 사용승인을 받았지만 천연에서 추출한 제품일 경우로만 한정됐다. 또한 미국에서는 일반 GRAS(Generally Recognized As Safe, 식품첨가물에 대한 FDA의 합격증)가 아닌 FEMA GRAS(Flavor and Extract Manufacturers Association Generally Recognized As Safe, 미국향료협회 FDA 합격증) 리스트에 등재되어 풍미 증진용으로만 사용하도록 허가하였다.

실제 유전자 재조합 방식으로 새롭게 생산하는 타우마틴과 모넬린은 산업 바이오 및 의약품용 단백질 생산에 사용되고 있는 효모 균주를 이용해서 대량 생산하는 방식이기 때문에 비교적 안전할 것으로 생각된다. 그러나 현재는 이와 같은 유전자 재조합 기술의 대량 생산연구는 중단하고 있으며 간간이 학술연구로만 진행되고 있다.

6. 천연 감미료인 타우마틴은 곤충기피제

타우마틴은 천연 감미료로 아프리카 서중부의 나이지리아, 자이르, 콩고 등에서 나는 katemfe라는 식물의 씨앗에 존재하는 당단백질이다. 그런데 이 열매를 섭취한 곤충은 미각이 마비되는데 그 이유는 타우마틴 성분이 곤충의 맛 감지 수용체와 수 시간 동안 결합해 있기 때문이라고 한다. 결국 이 물질을 한 번 맛본 곤충은 다시는 맛을 보지 않으려 해 나름 획기적인 곤충 기피제로의 개발이 기대된다. 타우마틴의 천연 감미 단백질성 신소재로서의 대량 생산 연구와 상업화는 일시적으로 중단되었다. 그러나 타우마틴의 유사 유전자가 쌀·보리 등 각종 곡물에 존재하고, 아그로박테리움(*Agrobacterium*; 재조합 DNA를 식물 세포에 주입할 때 사용하는 토양 박테리아)을 매개로 유전자 삽입이 비교적 수월하게 이루어진다는 점과 타우마틴이 곤충의 미각을 소실시키는 특성이 있다는 점을 이용해서 국내외에서 병충해 내성 종자 개발용으로 꾸준히 연구되고 있다.

15 Chapter

사이클라메이트

1. 인공 감미료인 사이클라메이트

사이클라메이트(cyclamate)는 인공 감미료(sweetener)의 일종으로 분자식은 $C_6H_{12}NNaO_3S$이며 소듐염($C_{12}H_{12}NNaO_3S$, sodium cyclamate)과 칼슘염($C_{12}H_{24}CaN_2O_6S_2$, calcium cyclamate)이 있다.

사이클라메이트는 설탕의 30~40배의 단맛을 낸다. 1937년 미국 일리노이대 화학과 대학원생이었던 마이클 스베다(Michael Sveda, 1912~1999)가 해열제를 합성하던 중 잠시 실험대에 얹어두었던 담배 필터에서 단맛을 느꼈다. 그리고 그 원인 물질이 사이클로헥실설파민산 소듐이라는 것을 발견하였고 이후 사이클라메이트라는 상품명으로 1950년대 초부터 사용되었다.

1960년대 세계 감미료 시장을 석권한 사이클라메이트는 1969년부터

발암물질이자 남성의 불임을 유발할 가능성이 있다는 논란에 휩싸이면서 결국 우리나라에서는 1970년부터 사용이 전면 금지되었다. 국내 혹은 미국에서는 식품 첨가물로 허가되지 않고 있지만 그 외의 나라, 특히 중국과 동남아 등지에서는 합성 감미료로 사용되고 있기에 여행 중 과자류나 식품 등을 살 때 세심한 주의가 요구된다.

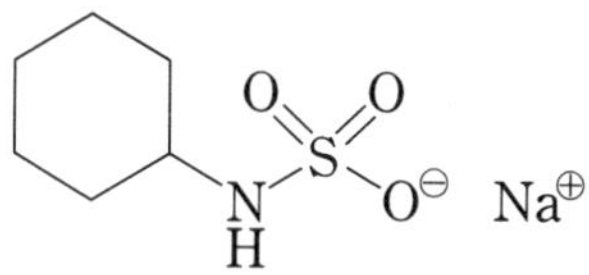

사이클라메이트(sodium cyclamate)의 구조

2. 비교적 단맛이 약함

사이클라메이트는 인공 감미료 중에서는 비교적 감미도가 낮은 물질에 속하지만 다른 인공 감미료에 비해 고온에서 안정하고 쓴맛이 나지 않아 상업적으로 사카린과 혼합하여 사용하는 방식으로 사용되었다. 20세기 중엽에 미국을 시작으로 전 세계에서 많이 사용됐으며 국내에서도 사이클라메이트라는 이름으로 사용되기도 하였다.

3. 사이클라메이트의 간단한 합성

사이클라메이트의 간단한 합성을 나타내면 다음과 같다. 사이클로헥실아민(cyclohexylamine)을 설팜산(sulfamic acid) 또는 삼산화 황(sulfur trioxide)과 반응시키면 사이클라메이트(cyclamic acid)를 얻을 수 있다(이 과정을 설폰화 반응이라 한다).

1. cyclohexylamine + sulfamic acid ⟶ cyclamic acid

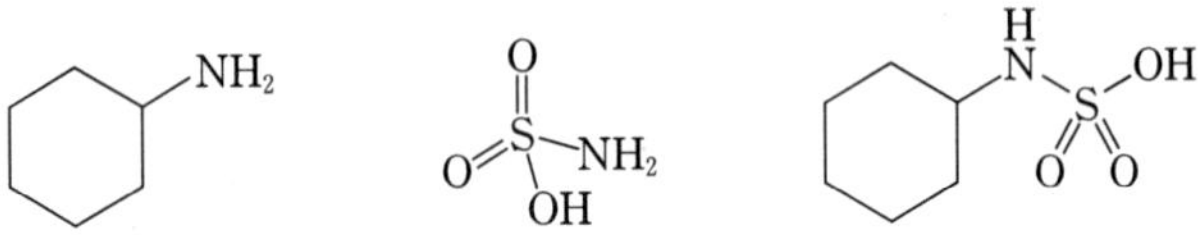

2. cyclohexylamine + sulfur trioxide ⟶ cyclamic acid

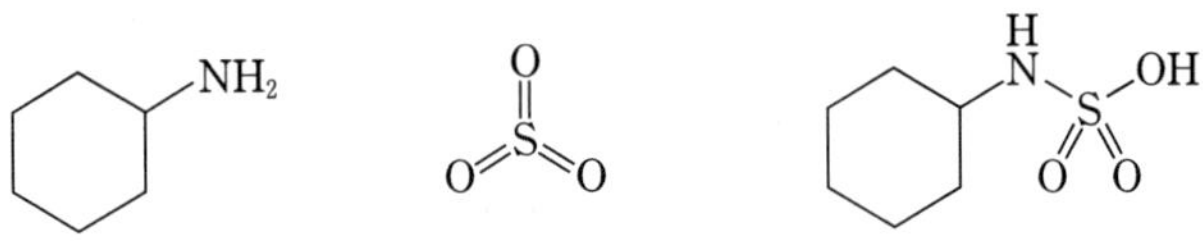

Cyclohexylamine의 sulfonation: 1. 2.

비영양성 감미료로서 설탕 대용품으로 널리 사용되었던 사이클라메이트 소듐(sodium cyclamate)은 사이클로헥실아민과 설팜산(sulfamic acid)을 혼합한 후 NaOH를 부가하여 반응시키면 얻을 수 있다.

$$\text{cyclohexylamine + sulfamic acid} \xrightarrow{\text{NaOH}} \text{sodium cyclamate}$$

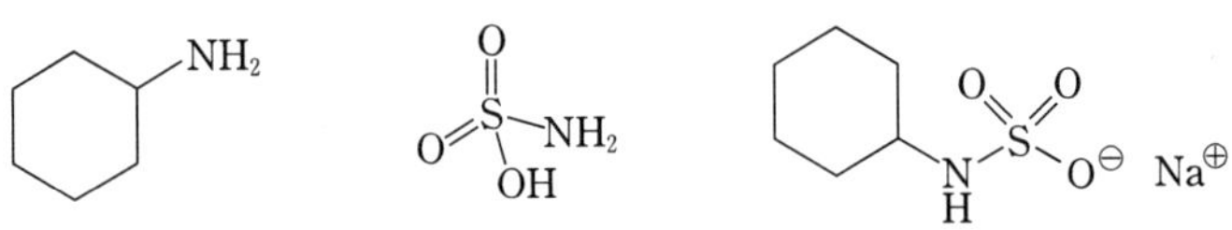

Sodium cyclamate의 합성

4. 발암물질인 사이클라메이트

합성 인공 감미료인 사이클라메이트는 1950년 이후 미국을 시작으로 전 세계적으로 어마어마하게 판매되어 대성공을 거두었으며 국내에도 사이클라메이트라는 이름으로 들어와 수년간 날개가 돋친 듯이 판매되었지만 언론을 통해 발암물질로 자주 언급되었다. 이런 언급 속에 사이클라메이트에 대한 정부의 공식적인 연구 결과가 발표되었다. 1966년 합성 인공 감미료인 사이클라메이트는 체내에서 유해한 유기 화합물 사이클로헥실아민으로 전환된다고 발표했다. 이는 동물 실험에서 방광의 종양 생성과 관련이 있는 것이었다.

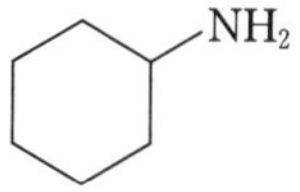

사이클로헥실아민

추후 관련 연구를 통하여 결국 합성 인공 감미료인 사이클라메이트는 염색체 이상 등을 일으키는 발암물질인 것이 확인되자 이후 국내 감미료 시장에서 퇴출당했고 1969년에는 식품 첨가물의 지정에서 삭제됐다.

16 Chapter

스테비오사이드

1. 흡습성이 있는 스테비오사이드

남아메리카인 브라질과 파라과이 등 남미가 원산지인 국화과 스테비아 속의 여러해살이 식물인 스테비아(학명: *Stevia rebaudiana*)에는 스테비오사이드 같은 테르페노이드(Terpenoid) 배당체(글라이코사이드)들이 포함되어있어 감미료로 사용했다. 일본과 중국 등 많은 나라에서도 오래전부터 스테비아의 마른 잎 또는 수용성 추출물을 감미료로 사용했다. 국화과의 다년생 식물 스테비아의 잎에는 단맛을 내는 스테비오사이드라는 물질이 6~7% 정도 들어있으며 특히 파라과이에서는 아주 오래전부터 원주민들이 스테비아 잎을 감미료로 사용하였다. 스테비오사이드가 세상의 시선을 끌게 된 것은 식생활에 널리 활용된 합성 인공 감미료인 사카린이 인체에 좋지 않은 유해물질이라는 평가분석이 나타난 시기부터이다.

천연 감미료인 스테비오사이드는 1931년 프랑스의 화학자에 의하여 발견되어 그에 의해 명명되었고 설탕의 약 300배 정도의 단맛이 나는 것으로 평가되었다. 장기간 섭취할 시에 체중 감소와 심장병의 위험이 있을 수 있다는 주장을 뒷받침할 병리학적인 증거는 아직 부족한 상태다. 국화과 식물에서 추출된 배당체인 스테비오사이드는 흰색 결정으로 녹는점은 198~202℃이며 분자 구조상 alcohol기(–OH)가 많아 수소 결합을 통해 공기 중에서 습기를 빨아들이는 물리적 특성을 지니고 있다. 분자식은 $C_{38}H_{60}O_{18}$이며 최종 수분 함량은 공기 중의 습도에 따라 다소 다르다.

스테비아 잎과 스테비오사이드

2. 단맛은 설탕의 300배

1971년에 일본 오사카에 있는 Morita Chemical Co., Ltd이 세계 최초로 스테비오사이드를 상품화했으며 설탕의 300배에 이르는 단맛의 감미료가 탄생했다. 스테비오사이드의 당도가 사카린에 버금가고 아스파탐보다 훨씬 강하기 때문에 합성 인공 화합물이라는 인상을 주지만 엄연히 스테비아(stevia)라는 식물에서 추출한 순수 천연 감미료다.

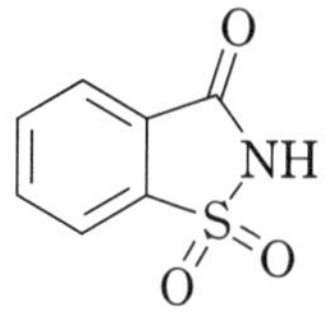

사카린

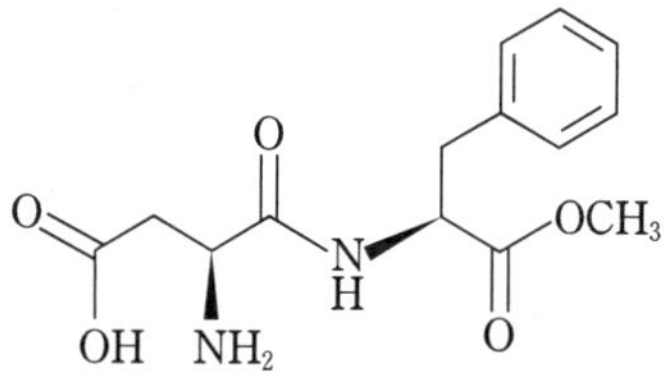

아스파탐

비교적 최근인 2007년 6월에 미국의 코카콜라와 세계적인 최대 곡물, 축산의 판매와 운송 사업체인 Cargill이 특허 24건을 신청하며 스테비아를 천연 감미료로 판매한다고 발표하였다.

3. 천연 감미료인 스테비오사이드

스테비오사이드는 많은 동족체가 존재하는 배당체 성분이다. 탄수화물의 가장 기본 단위인 하나의 당 분자는 대부분 고리 모양의 헤미아세탈 구조를 이루는데, 헤미아세탈 구조는 하나의 탄소에 −OH, −OR이 모두 붙은 형태를 말한다. 배당체란, 헤미아세탈 구조인 당류(糖類)의 하이드록시기(−OH)가 다른 알코올 혹은 페놀성 화합물의 하이드록시기와 결합하는 과정에서 물 분자가 떨어져 나가며 축합하여 생긴 화합물을 말한다. 이렇게 하이드록시기가 다른 분자의 하이드록시기와 축합되면서 물 분자를 내놓는 결합을 글라이코사이드 결합이라고 한다. 하이드록시기를 갖는 천연물이 당과 이런 형태의 글라이코사이드 결합을 이루어 배당체 형태로 존재하는 것이 많다.

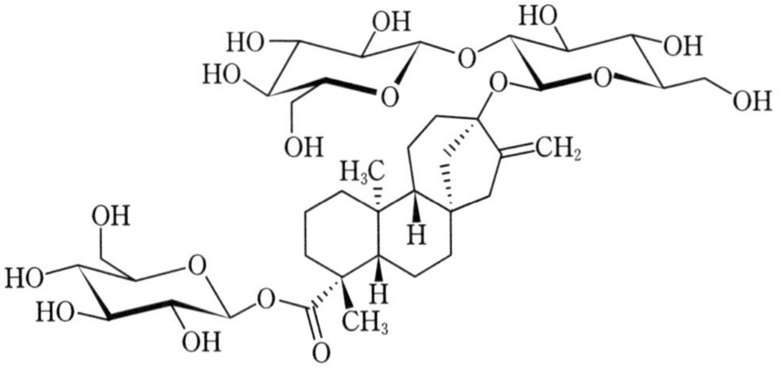

스테비오사이드의 구조식

하나의 당 분자에 두 분자 이상이 글라이코사이드 결합을 한 것은 이당류 및 기타 다당류이며, 다당류가 다시 다른 비(非)당성분과 글라이코사이드 결합하여 천연으로 배당체로 존재하고 있는 것들이 많다. 그 종류에 따라서 단맛의 정도와 질이 다른데, 당(糖)이 부가된 스테비아 잎에 있는 모든 천연 화합물 중 가장 단맛을 가진 rebaudioside 쪽이 설탕에 가까운 감미를 보인다. cyclodextrin gluconotransferase라는 효소를 촉매로 반응시켜 다시 당(糖)을 부가한 L-glucosylstevioside도 개발되어 있다.

4. 식물 내 감미료 성분 스테비올 글라이코사이드의 생합성

유기 합성을 접해보지 못한 학생들에게는 다소 어렵게 느껴질 수도 있는 스테비오사이드의 생합성은 대단히 복잡하고 많은 단계를 거쳐서 이루어진다.

출발 물질 acetyl-CoA로부터 6단계를 거치는 Mevalonate pathway, 그리고 pyruvate와 glyceraldehyde-3P(G3P)의 반응으로부터 시작하여 7단계를 거치는 MEP(Methylerythritol 4-phosphate) pathway(또는 non-Mevalonate pathway)의 두 반응 과정으로부터 시작한다.

이 두 과정에서 얻어진 물질은 이성질체인 isopentenyl pyrophosphate (IPP)와 dimethylallyl pyrophosphate(DMAPP)이다. 다음 반응으로 두 이성질체가 S_N1 mechanism으로 머리-꼬리 부가 반응을 하여 geranyl pyrophosphate가 형성되며, 계속해서 같은 방법으로 farnesyl pyrophosphate(FPP), 그리고 diterpene인 Geranylgeranyl pyrophosphate

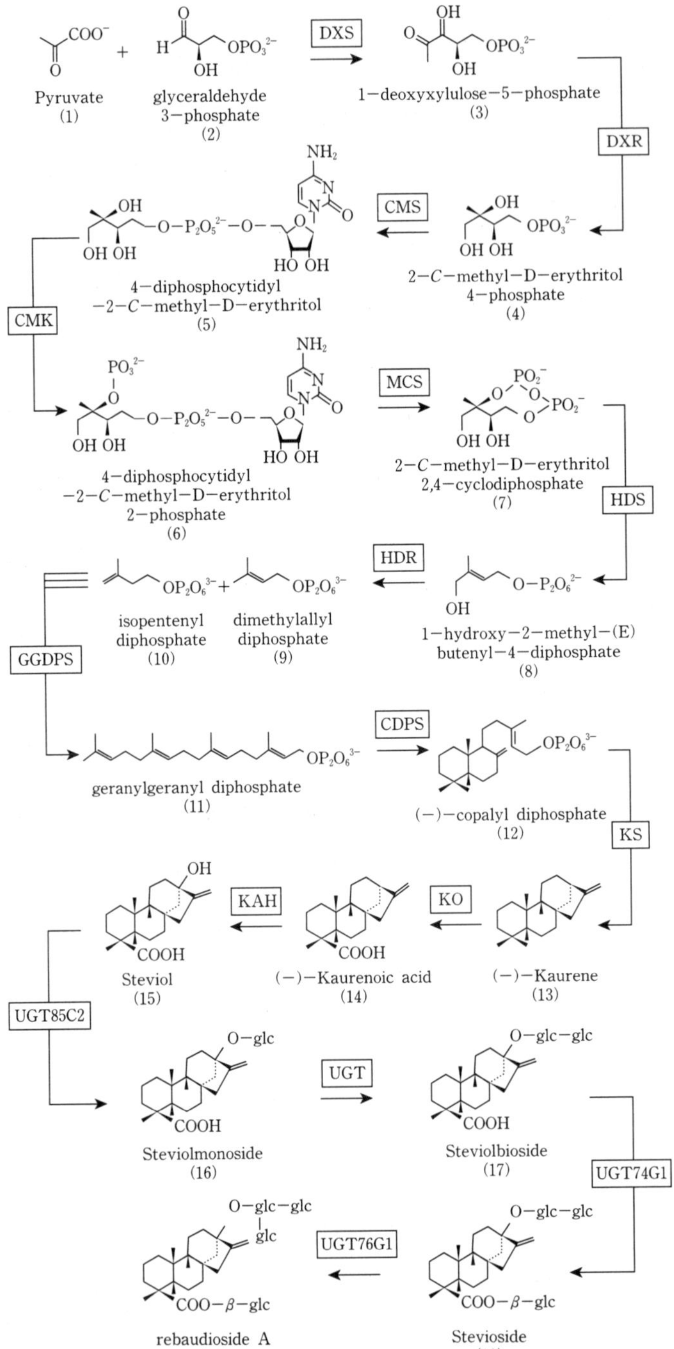

MEP pathway에 의한 steviol glycosides의 생합성

(GGPP)까지 진행된다.

이후에도 copalyl diphosphate synthase(CDPS) 효소에 의해 Geranylgeranyl pyrophosphate (GGPP)가 고리를 형성한다. 이 형성된 고리 화합물이 (-)-copalyl diphosphate이며 여기서 다시 6단계를 거쳐서 천연 감미료인 스테비오사이드(Stevioside)를 얻을 수 있다(*Phytochemistry* Volume 68, Issue 14, July 2007, Pages 1855-1863).

각 반응 단계에 작용하는 효소의 이름은 다음과 같다.

Deoxyxyulose-5-phosphate synthase(DXS)

eoxyxyulose-5-phosphate reductoisomerase(DXR)

4-diphosphocytidyl-2-C-methyl-d-erythritol synthase(CMS)

4-diphosphocytidyl-2-C-methyl-d-erythritol kinase(CMK)

4-diphosphocytidyl-2-C-methyl-d-erythritol 2,4-cyclodiphosphate synthase(MCS)

1-hydroxy-2-methyl-2(E)-butenyl 4-diphosphate synthase(HDS)

1-hydroxy-2-methyl-2(E)-butenyl 4-diphosphate reductase(HDR)

geranylgeranyl diphosphate synthase(GGDPS)

copalyl diphosphate synthase(CPS)

kaurene synthase(KS)

kaurene oxidase(KO)

kaurenoic acid 13-hydroxylase(KAH)

UDP-glycosyltransferases(UGTs): Uridine 5'-diphospho-glucurono syltransferases

생합성 과정 외에 스테비아의 전합성 방법은 Tomoya Ogawa, Michio nazaki, Masanao Matsui, "Total synthesis of stevioside", *Tetrahedron*, Vol. 36, Issue 18, 1980, Pages 2641–2648을 참고할 수 있다.

이처럼 스테비오사이드(stevioside)는 복잡한 여러 단계를 거쳐서 생합성이 이루어지고, 스테비오사이드의 전합성이 만만하지 않은 반응 단계들을 거친다는 것을 알 수 있다. 전합성(全合成 total synthesis)이란 상업적으로 이용 가능한 단순한 전구 물질로부터 복잡한 분자(종종 천연물)를 만드는 완전한 화학 합성을 일컫는다.

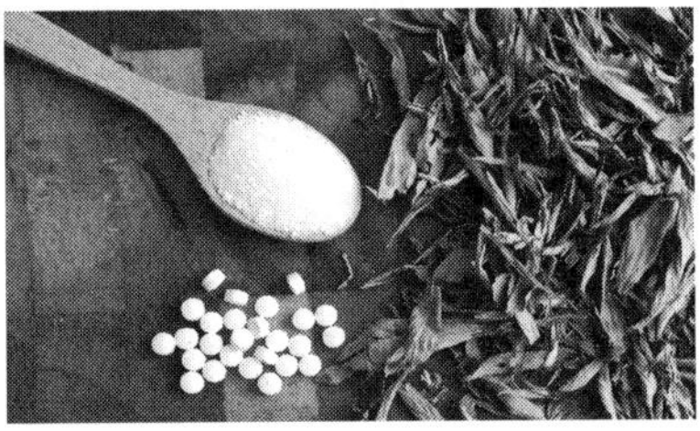

이러한 복잡한 단계의 생합성을 들여다보면 화학자들의 노력과 집념에 전율마저 인다. 이와 같이 어려운 여러 반응 단계를 정확하게 인지하는 것도 중요하겠지만, 이러한 생합성의 과정이 생체 속에서 얼마나 정교하며 특이하게 반응하는지 감탄하게 된다.

5. 스테비오사이드와 레바우디오사이드

스테비오사이드는 다이테르펜(diterpene) 배당체다. 테르펜은 구조상 분자 내의 아이소프렌(C_5H_8) 단위체의 수에 따라 분류를 하는데 모노테르펜($C_{10}H_{16}$)은 2개, 세스퀴테르펜($C_{15}H_{24}$)은 3개, 다이테르펜($C_{20}H_{32}$)은 4개의 아이소프렌 단위체를 각각 가지고 있다.

배당체는 당류의 환원기와 알코올이나 페놀 등 수산화를 가진 유기 화합물이 결합한 화합물을 총칭하며 그 종류에 따라 감미의 질도 다르지만 당(糖)이 부가된 레바우디오사이드(rebaudioside) 계통의 물질은 설탕의 350~450배 정도의 감미를 보인다. 그렇기 때문에 특별히 알려진 α-amylase 계열인 동일 계열에 속하는 세균성 효소 cyclodextrin gluconotransferase를 사용하여 다시 당을 부가한 물질인 L-glucosylstevioside도 감미료로써 수용성이 좋아 식품이나 table sugar로 사용하거나 첨가할 수 있도록 개발되었다.

세균성 효소인 cyclodextrin gluconotransferase를 사용해 다시 당을 부가하여 스테비아에서 얻는 감미 물질인 stevioside를 stevioglycoside로 변형시키면 맛이 더욱 달콤하며 깨끗하게 순화된다. 이와 같은 발효기법을 변형해서 얻는 레바우디오사이드(rebaudioside) M이나 D는 설탕과 아주 유사해서 그 차이를 감별하기가 매우 어렵다. 이러한 특성 때문에 스테비오사이드는 음료나 젤리 그리고 간장과 절임 등에 폭넓게 사용되며 설탕과 혼합하여 사용하는 경우에는 풍미 효과가 매우 커 더욱 광범

위하게 활용할 수 있다. 특히 앞서 많은 활용되는 부분들을 언급했지만 소금 절임 식품에 혼용하면 더욱 효과적이며 물에 잘 녹는 성질을 가지기 때문에 음료에 첨가하거나 table sugar 용으로 쓰일 수 있다. 단맛은 정상적으로 느껴지면서 칼로리가 훨씬 낮아 사용하는 소비자의 거부 반응이 적어 다양한 용도로 쓰임이 가능하다. 결론적으로 스테비오사이드 성분 중에서 Reb A는 다소 쓴맛이 있지만, Reb M이나 D는 쓴맛이 거의 없으며 훨씬 순한 맛을 갖고 있다. 육종이나 발효 기법으로 변형시켰기 때문에 합성 인공 감미료에 대해 좋지 않은 선입견을 품은 소비자의 선호도도 상당히 높은 편이다.

17 Chapter

전통의학으로 보는 단맛과 쓴맛

1. 단맛의 기능

단맛은 비장(脾臟)의 기능을 돋우어 주는데, 비장(지라)은 왼쪽 신장과 횡격막 사이에 있는 장기로 혈액 속의 세균을 죽이며 노쇠한 적혈구를 파괴하는 기능을 한다. 반면에 쓴맛은 심장에 울체되어 있는 나쁜 열(熱)을 해소하는 기능을 하는데, 나쁜 열은 기혈(氣血)이나 수습(水濕) 등이 제대로 순환하지 못하고 한 곳에 몰려 있을 때 생기기 쉽다.

실제로 칭찬 같은 달콤한 말을 들으면 힘이 솟구치고, 쓴소리를 들으면 가슴이 서늘해지거나 쓰라려지는 것을 보면 맛이 오장(五臟)육부(六腑)에 영향을 미치거나 인간의 감정과 정서까지도 좌우할 수 있다는 것을 알 수 있다. 오장은 간장·심장·비장·폐장·신장 등 다섯 가지 장기를 가리키고 육부는 대장·소장·쓸개·위·삼초(三焦)·방광 등의 여섯 가지 장기에 해당한다.

한방에서만 언급하는 육부 중의 하나인 삼초(三焦)는 인후(咽喉)에서부터 전음(前陰)과 후음(後陰)에까지 이르는 부위를 말하며 해부학적인 측면에서 실질적인 형태는 없다. 오직 기능만 존재하므로 한방의 가장 오래된 중국의 의학서인 내경(內經)에서는 수분 대사와 관련된 기능을 한다는 뜻으로 수록하고 있다. 이는 일상생활을 영위하는 데 있어서 음식물을 소화 시키고 영양물질과 수분을 흡수하여 온몸에 운반하는 기능과 영양분을 공급할 목적으로 음식과 같은 영양분을 소비하는 과정을 이야기한다. 그리고 인체에서 대사작용으로 생긴 노폐물을 체외로 내보내는 작용도 통칭하여 일컫는다.

삼초는 상초(上焦)·중초(中焦)·하초(下焦)로 나누며 상초는 목구멍에서 위(胃)의 음식물이 들어오면 스스로 닫혀 식도로 역류하지 않도록 하는 분문(噴門)까지를 가리키는데, 즉 횡격막 위의 가슴 부위에 해당한다. 허파와 심장 그리고 심장막과 경맥에서 갈라져 나온 기와 혈이 순환하는 통로인 낙맥을 통칭하는 심포락(心包絡) 등 3개의 장기가 여기에 속한다. 중초는 위의 분문에서 위와 십이지장의 경계 부분인 유문(幽門)까지, 즉 횡격막 아래에서 배꼽까지의 부위에 해당한다. 여기에는 간과, 음식물을 소화하여 정상적인 생명 활동에 필요한 영양물질을 온몸에 공급하는 췌장 그리고 위가 속해 있다. 하초는 위(胃)의 유문에서 전음과 후음까지, 즉 배꼽 아래 하복부에 해당하는데 여기에는 간과 신장 그리고 방광, 소장과 대장 등 인체의 중요한 장기들이 속해 있다.

한방에서 사용하는 장기 이름과 접근이 어려운 한문으로 표현된 생리 작용 현상을 정확하게 이해하고 암기할 필요까지는 없다. 다만 전통

한방의 관점에서 단맛에 관계되는 장기와 생리 현상을 이해하고, 우리 몸에서 어떻게 단맛 물질들이 소화·분해되는 것이 표현되는지를 살펴보면 좋을 것이다.

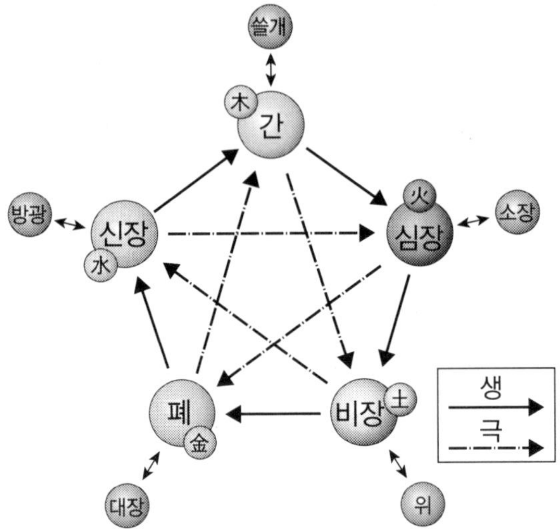

한방에서는 한약의 선택 작용도 맛과 일정한 관계를 갖는다. 즉 신맛을 가진 한약은 간경(肝經)과 담경(膽經) 그리고 심포경(心包經)과 삼초경(三焦經)에, 쓴맛을 가진 한약은 심경(心經)과 소장경(小腸經) 그리고 심포경(心包經)과 삼초경(三焦經)에, 단맛을 가진 한약은 비경(脾經)과 위경(胃經)에, 매운맛을 가진 한약은 폐경(肺經)과 대장경(大腸經)에, 짠맛을 가진 한약은 신경(腎經)과 방광경(膀胱經)에 작용한다고 보았다. 한글과 한문으로 표현된 장기를 하나씩 선택해 좀 더 명확하게 여러 맛을 이해하면 좋을 것이다.

이와 같이 단맛은 비위의 기능을 돋우어 주고 에너지 대사를 왕성하게 하지만 아무리 좋은 것도 지나치면 부족한 것만 못하다고 하니 균형을 잘 잡아야 한다. 지나치게 칭찬을 받는 일도 오히려 사람을 망칠 수 있고 그런 칭찬에 스스로 도취되어 긴장을 늦추다 보면 교만해지기 쉬우며 일을 추진할 때 과욕을 부리다가 건강에 무리가 가기 쉬우니 말이다.

2. 단맛을 지나치게 즐기는 경우

단맛을 탐닉하다 보면 우리 몸의 피부나 근육의 탄력이 떨어지고 물렁물렁해지는 것을 느끼게 된다. 단맛은 비장에서 기(氣)를 온몸으로 순환시키며 비장의 에너지를 보강해 주지만, 기를 과다하게 순환시키면 근육에 저장되어 있던 글라이코젠이 과도하게 소모되어 근육에 힘이 없어지는 결과를 부르게 된다.

근육에서 빠져나간 글라이코젠 대신에 영양가가 없는 수분이 자리를 잡게 되는데 이런 상태를 습(濕)이라고 한다. 단것을 많이 먹으면 근육이 상하고 습(濕)이 생긴다는 기전이 바로 이런 것이다.

흔히 보약을 잘못 먹어서 살이 쪘다는 이야기를 들을 수 있는데 그런 경우는 보약 속에 기를 보호하는 약재가 필요 이상으로 많이 들어가서 비장의 기능을 지나치게 강화하여 습이 쌓인 경우라고 볼 수 있다. 뚱뚱한 사람이 의외로 힘을 쓰지 못하는 것은 근육에 에너지원인 글라이코젠 대신에 습이 많아 효율적인 에너지 공급이 이루어지지 않기 때문이다.

Muscular System

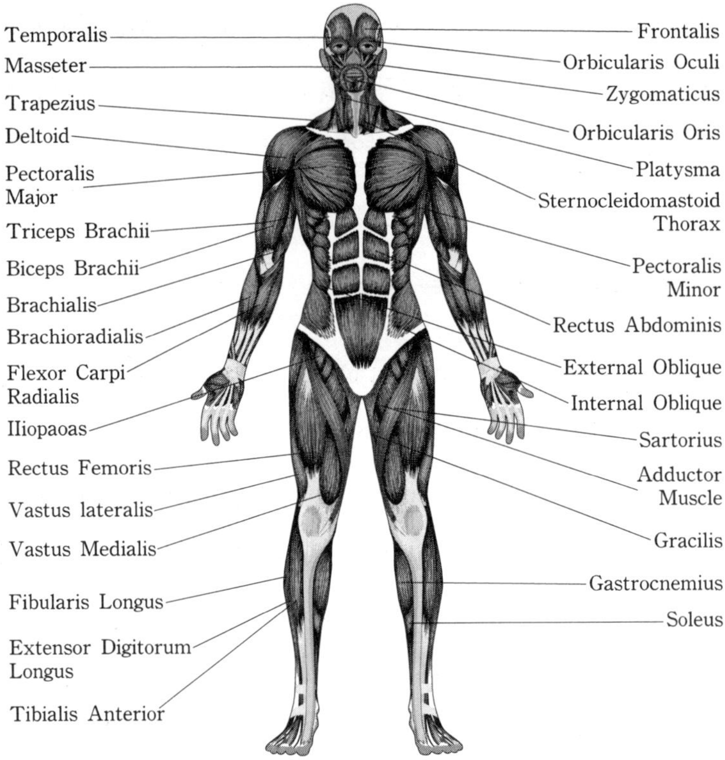

3. 에너지가 되는 단맛

달콤한 것을 지나치게 즐기다 보면 살이 찐다는 사실에도 불구하고 단맛은 항상 우리를 유혹한다. 만약 단것을 탐닉한다면 그 이유는 우리 몸이 그것을 필요로 하고 있기 때문이다. 단것에는 포도당 등 에너지원이 많이 들어 있으며 비장(脾臟) 역시 신체의 기(氣)를 잘 순환시키기 위해서 끊임없이 에너지를 공급을 해야 한다.

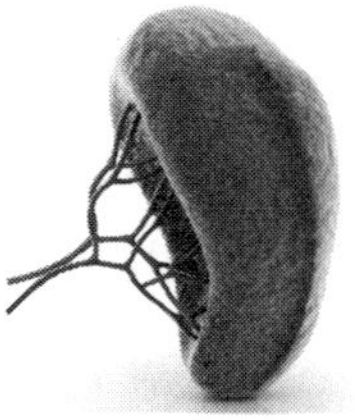

만약 단것을 즐기지 않는다면 그 이유는 비장이 허약하지 않기 때문이다. 비위가 강한 사람은 단맛을 멀리하는 편이고, 달콤한 말로 속삭이는 사람의 진정성에 대하여 경계심을 가지고 사탕발림이나 말의 성찬을 멀리하려는 경향이 있다.

4. 쓴맛을 환영하는 곳

이제 쓴맛에 대하여 생각해 보자. 쓴맛은 주로 심장과 간에 작용한다.

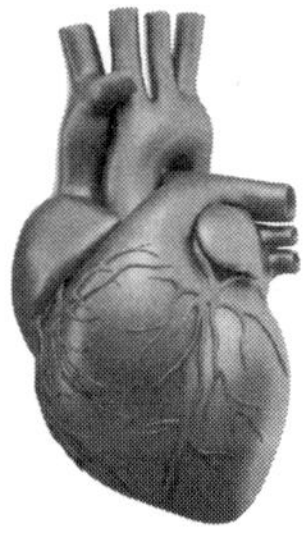

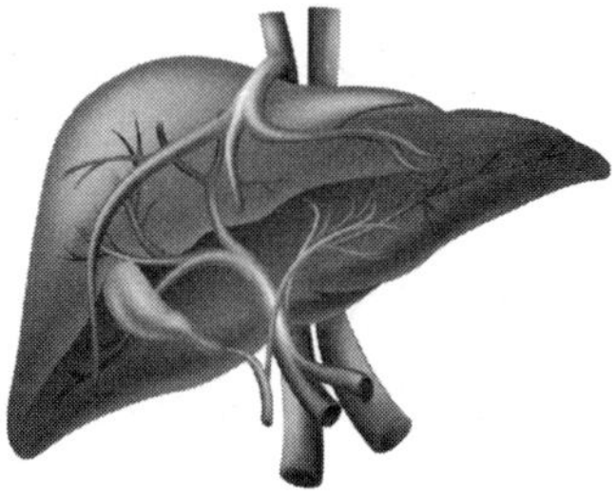

심장은 우리가 태어나서 죽을 때까지 잠시도 멈추지 않고 계속 일을 한다. 심장은 매일 혈액을 펌프질하여 9만6천 km에 달하는 혈관으로 보내는 활동을 하는데, 이것은 1만5천 리터 용량의 탱크를 심장이 혼자 펌프질해서 채우는 것과 같은 활동량에 해당한다.

또한 간(肝)은 우리 몸 중에서 특히 훌륭한 기관이다. 간은 복잡한 기전으로 작동되기 때문에 심장과 폐의 복잡한 기능조차 간에 비하면 아무것도 아니라고 할 정도다. 간은 마치 거대한 화학 공장 단지와도 같다. 간은 인체를 위하여 5백여 가지의 일을 해내는 장기이고, 그중 단 한 가지만 실수를 하더라도 병원 신세를 지게 된다.

5. 뼈를 약하게 하는 쓴맛

심장과 간, 이 두 장기는 한순간도 쉴 새 없이 우리를 보살피는 고마운 일꾼이다. 그 책임이 막중한 만큼 굉장히 튼튼하며 막강한 장기이기 때문에 여간해서 탈이 잘 나지 않는다. 그런 이유로 이들 장기에 도움을 주는 쓴맛을 여간해서 필요로 하지 않는 것이다.

만약 심장과 간이 건강한 사람인데도 쓴맛이 나는 음식을 많이 섭취한다면 이 장기들이 스스로 무시를 당했다고 생각하고 화(火)를 낼지도 모른다. 우리 조상들은 쓴 것을 많이 먹으면 "골로 간다."고 표현함으로써 쓴맛이 뼈(骨)를 상하게 할 수도 있다는 점을 파악하고 있었던 것 같다. 실제로 쓴맛을 과다 섭취하면 뼈가 약해질 수 있다는 점을 알고 있어야 한다.

18 Chapter

트레할로스

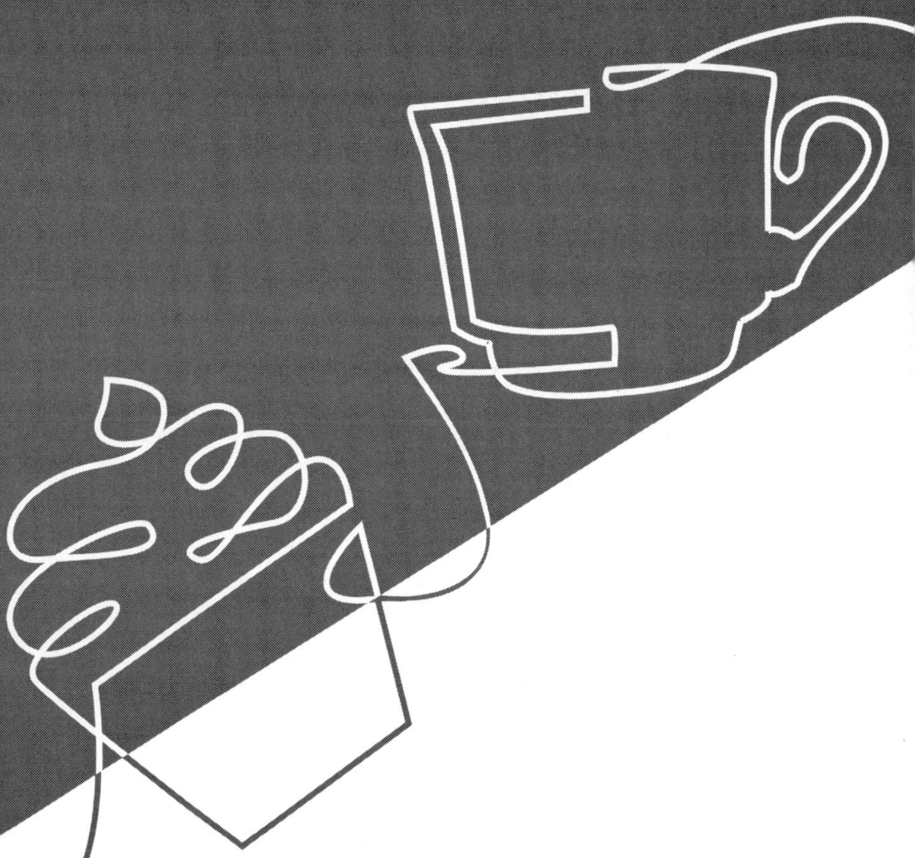

1. 맥각에서 발견된 트레할로스

특수한 환경의 스트레스 상황에서 생존을 위해 생성되는 트레할로스는 2개의 α-포도당 단위 사이의 1,1-글라이코사이드 결합으로 형성된 이당류이다. 3개의 이성질체(구성 단당류의 아노머에 의한 *αα*, *αβ*, *ββ* 형의 3가지 이성질체) 중에서 다른 2개의 이성질체는 자연에서 발견되지 않으며 천연, 즉 자연에는 *α*,*α*-트레할로스만이 존재한다. 특히 곤충의 주요 혈당으로서 널리 알려진 트레할로스의 분자식은 $C_{12}H_{22}O_{11}$이며 분자량은 342이다. 트레할로스 한 분자는 22개의 수소(H) 원자, 12개의 탄소(C) 원자 그리고 11개의 산소(O) 원자로 구성되어 총 45개의 원자로 형성되어 있다. 그리고 총 46개의 화학 결합으로 이루어지는데 그중 24개의 비(非)수소 결합, 4개의 단일 결합, 2개의 6원자고리(ring), 8개의 수산화기(-OH), 2개의 1차 알코올, 6개의 2차 알코올 그리고 3개의 에터(지방족 -O-)로 구성되어 있다.

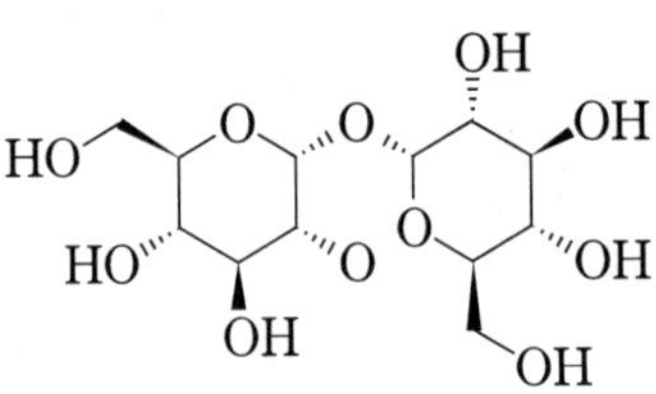

트레할로스의 구조

트레할로스는 흰색 결정(結晶)의 성상을 가진 이당류이며 분자 구조를 살펴보면 D-글루코스 두 분자가 각각의 환원 성기와 결합하여 형성된다. 앞서 언급했듯이 그 결합 양식이 α 결합인지 β 결합인지에 따라서 3개(α,α-, α,β-, β,β-)의 구조 이성질체가 있다. 이 글라이코사이드 결합(glycosidic bond)에 의해 트레할로스는 산(酸) 가수분해에 매우 강하며 고온 및 산성 조건의 용액 상태일 때도 안정된다.

트레할로스는 자당(蔗糖)보다 덜 녹지만 80°C 이상의 고온에서는 예외다. 트레할로스의 무수(無水)물은 즉각 수분을 되찾아 이수화물이 되고 이는 사방 정계 결정의 형태가 되어서 자당의 열량 함량의 90%가 된다. 트레할로스 무수물은 열처리하면 흥미로운 물리적 특성을 나타낸다. 또한 핵산과 직접 상호 작용하며 이중 가닥 DNA의 용해를 촉진하고 단일 가닥 핵산을 안정화한다.

1832년 HAL Wiggers는 호밀의 맥각추에서 트레할로스를 발견했으며 프랑스의 화학자 Marcellin Berthelot은 1859년에 바구미(weevils) 벌레에 의하여 만들어진 물질인 Trehala manna에서 트레할로스를 분리하여 명명하였다. 맥각은 맥각균(麥角菌)이 호밀과 같은 화분과 식물의 이삭에 기생하여 균핵(菌核)이 형성된 것을 말하는데 한방에서는 이삭이 떨어지기 전에 채취하여 지혈제(止血劑)로 사용한다.

2. 응집체를 형성할 수 있는 트레할로스

무수물(無水物) 형태의 트레할로스는 분자 구조상 많은 -OH기를 가지고 있기에 즉각 수분과 결합하여 이수화물을 형성한다. 트레할로스를 물에 용해시킨 수용액은 농도-의존성 덩어리 혹은 무리를 이루는 경향을 나타낸다. 그리고 수소 결합을 할 수 있어서 물에서 스스로 자가 결합하여 다양한 크기의 덩어리 혹은 무리를 형성하고 시간이 지나면 커다란 연속 응집체를 형성할 수도 있다. 모든 원자, 분자 역학 시뮬레이션에서 트레할로스를 물에 용해시킨 수용액은 1.5~2.2 몰농도의 트레할로스 분자 덩어리 혹은 무리의 커다란 연속 응집체를 형성할 수 있음을 보여주었다.

이처럼 흥미롭고 중요한 물리적 특성을 가진 트레할로스는 사막의 식물과 균류(菌類)들이 지속적인 가뭄 등의 극단적인 조건에서 생체 활동을 거의 중단한 상태인 크립토바이오시스(cryptobiosis, 저온 극한 상태에서의 휴면 생활)를 어떻게 극복하고 부활하는지와 관련되어 그 생물학적 역할을 조명받았다. 사막의 악조건을 견디려면 길게는 몇 년 동안 몸의 표면적을 최소화하여 생명을 유지해야 하는데 여기에 기여하는 트레할로스의 생물학적 역할에 대한 두 가지 유력한 이론이 존재한다. 하나는 물의 응결(凝結)로 인하여 생길 수 있는 얼음 형성을 방지하는 현상인 유리화 이론과 다른 하나는 물 치환(water displacement) 이론이다.

생식 냉동 보존 분야에서는 물 분자끼리의 결합을 통한 응결(凝結)로 인하여 생길 수 있는 얼음 형성 없이 세포의 손상을 일으키지 않고 동결 보존하는 해결점을 제공하는 점에 착안했다. 높은 세포 생존 능력과 기능 그리고 생체 구조물의 완전성 및 생체 재료의 구조를 보존하기 위한 생체 조직 공학 측면의 연구물 치환 이론이 어렵지만 왕성하게 이루어지고 있다. 또 하나의 중요한 이론인 물 치환(water displacement) 이론은 생명체가 유지하고 있는 물의 대부분을 분자 구조상 많은 −OH기를 가지고 있는 트레할로스로 대체한다는 이론이다.

이와 같은 흥미롭고 오묘한 천연 감미료인 트레할로스의 물리적 특성이 극한조건에 처한 생명체를 유지하고 부활하게 하여 아름다운 지구의 보존을 가능하게 해준다는 점은 경이를 자아낸다.

3. 맛은 조금 달면서 뒷맛이 좋은 트레할로스

스트레스 상황에서 생존을 위해 생성되는 트레할로스는 맛이 조금 달면서 뒷맛이 좋은 편이다. 의료적으로는 자궁 수축제와 분만 촉진제 그리고 지혈제로 쓰이며 자궁 출혈과 월경 과다 등의 자궁 질환 치료에도 사용된다. 예전부터 삶과 생명의 신비로움과 깊은 관계가 있다고 여겨진 트레할로스는 식물이나 미생물 등 자연계에 널리 존재하고 있는 당질이며 오랜 세월 인간이 식품으로 섭취해 온 당질 중 하나이다.

두 당질이 결합 되어 만들어진 천연 당질 성분인 트레할로스는 맥각과 효모 그리고 해조류와 버섯류 등 자연계에 함유된 포도당 2분자가

α, α-1, 1 결합한 비환원성 이당류이다. 분자 구조상 $-OH$기가 공기 중의 많은 물 분자와 결합할 수 있어 사막에서 선인장의 수분을 안전하게 유지해주는 기능이 있으며 부활초에도 많이 포함되어있다.

트레할로스의 감미도는 일반 가정에서 가장 널리 쓰이는 설탕의 38%이며 뒷맛에 달콤함이 어우러져 고급스러운 맛을 연출한다. 보습 작용과 전분 노화 억제 그리고 단백질 변성 억제와 빙(氷)결정 성장 억제 등 식감 조정과 맛 그리고 냄새의 개선 작용 등 다양한 기능으로 과자와 가공식품에 널리 이용되고 있다.

4. 트레할로스의 합성

4-1. 효소적 합성

트레할로스의 합성에는 화학적인 합성법과 효소적인 합성법이 있는데 여기서는 maltose로부터 trehalose를 합성하는 효소적 합성법을 제시한다.

$$\text{maltose} + \text{Pi} \underset{}{\overset{\text{maltose phosphorylase}}{\rightleftharpoons}} \text{glucose} + \beta\text{-glucose-1-phosphate} \quad (1)$$

$$\text{glucose} + \beta\text{-glucose-1-phosphate} \underset{}{\overset{\text{trehalose phosphorylase}}{\rightleftharpoons}} \text{trehalose} + \text{Pi} \quad (2)$$

Maltose로부터 Trehalose의 효소적 합성

첫 단계를 보면 이당류인 maltose(D-글루코스가 α-1,4 결합한 환원성 이당류)가 maltose phosphorylase의 효소 작용으로 단당류인 glucose와 β-D-glucose-1-phosphate로 가수분해된다. 이어진 단계에서 glucose와 β-D-glucose-1-phosphate는 trehalose phosphorylase의 효소 작용으로 감미료인 trehalose로 전환된다. 이 두 반응의 좋은 점은 UDP-glucose와 같은 고(高)에너지 물질이 사용되지 않는다는 것이다. 고에너지 전달 물질이 사용되지 않고 이루어진 경제적이며 반응 과정이 단순화된 효소 반응이다.

4-2. 화학적 합성

간단한 화학적 합성은 자당(蔗糖)과 같은 반응에서 볼 수 있다. 반응시, 많은 OH- 작용기를 보호와 탈(脫)보호 반응을 이용하여 원하는 생성물을 중간체로 합성하며 자당과 같은 방법으로 1954년 캐나다의 R.U. Lemieux가 합성하였다.

마지막 단계의 반응에서 2,3,4,6-테트라아세틸-D-글루코스와 3,4,6-트리아세틸-1,2-언하이드로-D-글루코스를 100℃로 가열하고 아세틸을 제거한 후 크로마토그래피를 하여 트레할로스의 생성을 확인할 수 있다(α,β체도 생성된다).

화학적 합성법의 과정을 살펴보면 유기화학 등의 상당한 지식을 필요로 하는 것을 알 수 있다.

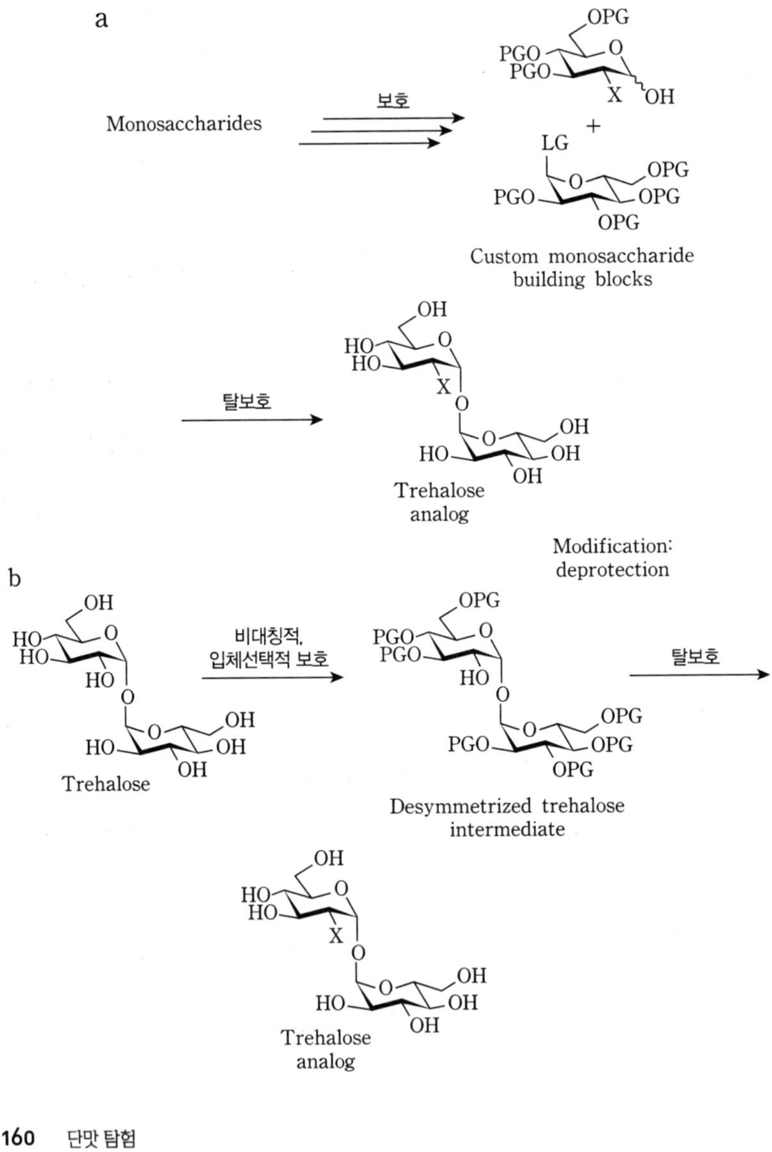

5. 생물의 에너지원인 트레할로스

박테리아, 효모, 곰팡이, 곤충, 무척추동물 및 저급 식물과 고등 식물에 이르는 생물체까지 트레할로스를 만들 수 있는 효소를 가지고 있다. 트레할로스는 자연에 존재하는 식물과 미생물에서 발견되며 동물에서는 새우와 메뚜기, 나비, 벌 등의 곤충이 트레할로스를 혈당으로 사용하는 것은 흔히 볼 수 있다.

트레할로스는 미생물, 식물, 곤충 등의 자연계 곳곳에 존재하는 이당류이며 아주 황량하고 삭막한 기후 조건에서도 생물들이 생존할 수 있도록 해주는 중요한 성분이다. 특히 사막 같은 가혹한 환경 속에서도 꽃이 피고 생명이 버틸 수 있게 도와주는 역할을 한다. 또한 세포와 단백질을 극한의 환경으로부터 보호하는 작용을 하고, 곤충 등이 비행할 수 있는 에너지원으로 사용되는 탄수화물이다.

곤충의 비행(飛行) 에너지로 이용되는 기전은 트레할로스가 효소인 트레할레이스(trehalase)로 글라이코사이드 결합이 분해되어 방출되는 두 분자의 포도당이 에너지 공급원이 되는 것이다. 그만큼 엄청난 생명력을 부여하는 성분이라고 할 수 있다.

분자 구조적으로는 -OH기를 많이 가지고 있어서 자체적으로 수분과 결합(수소 결합)할 수 있다. 그 결과 수분 손실을 방지하는 기능을 해서 촉촉한 피부로 가꿔주거나 모발의 자연 구조를 유지할 수 있도록 도와주는 효과적인 보습 화장품으로 쓰인다. 일명 미코스(mycose)라고도 부른다. 트레할로스는 물과의 결합력이 높아 식품의 건조를 방지하므로 전분의 노화를 억제해 밥이 딱딱해지거나 퍼석거리는 현상을 지연시킨다. 그리고 단백질 변성을 억제하는 효과도 있어 열을 가하거나 pH 변화로 육류가 경화되는 것을 막아 부드러운 식감을 보존하게 한다. 또한 물에 용해한 상태에서 얼음 결정 생성 속도를 늦춰 아이스크림 같은 냉동식품의 얼음 결정 생성에 의한 손상을 상당히 감소시켜 품질을 향상한다.

생물 생존에 중요한 성분인 트레할로스는 식품의 건조나 동결에 대한 보호 작용은 물론 지방의 산패방지와 식품 조직의 안정화 그리고 맛과 향의 개선 등에 대해서도 뛰어난 기능을 갖췄다. 그래서 식품 산업뿐만 아니라 화장품과 의약품 등 각 분야에서 아주 폭넓게 사용되고 있다. 곤충과 식물 그리고 균(菌)과 효모 등에 다량 존재하며 특히 곤충의 체액과 난(卵 egg)의 구성 성분 인자로 관찰되며 곤충류의 에너지원이나 저장 탄수화물로서 아주 중요한 역할을 담당한다. 의학적으로는 인공눈물의 구성 성분으로 안구건조증이나 건성 각결막염을 치료한다. 인공눈물을 구성하는 성분 중 하나로 히알루론산이 있는데 이것 역시 동물 등의 피부에 많이 존재하는 생체 합성 천연물질이면서 역시 트레할로스처럼 수산화기(-OH)가 많은 친수성 물질로 피부 보습 작용을 한다. 최근에는 트레할로스의 활용 범위가 훨씬 넓어져 골다공증과 치주염 예방 작용 등의 새로운 생리 기능 및 인슐린 저(低) 분비성이 규명되어서 대사증후군 예방에 적합한 소재로 많은 주목을 받고 있다.

19 Chapter

수크랄로스

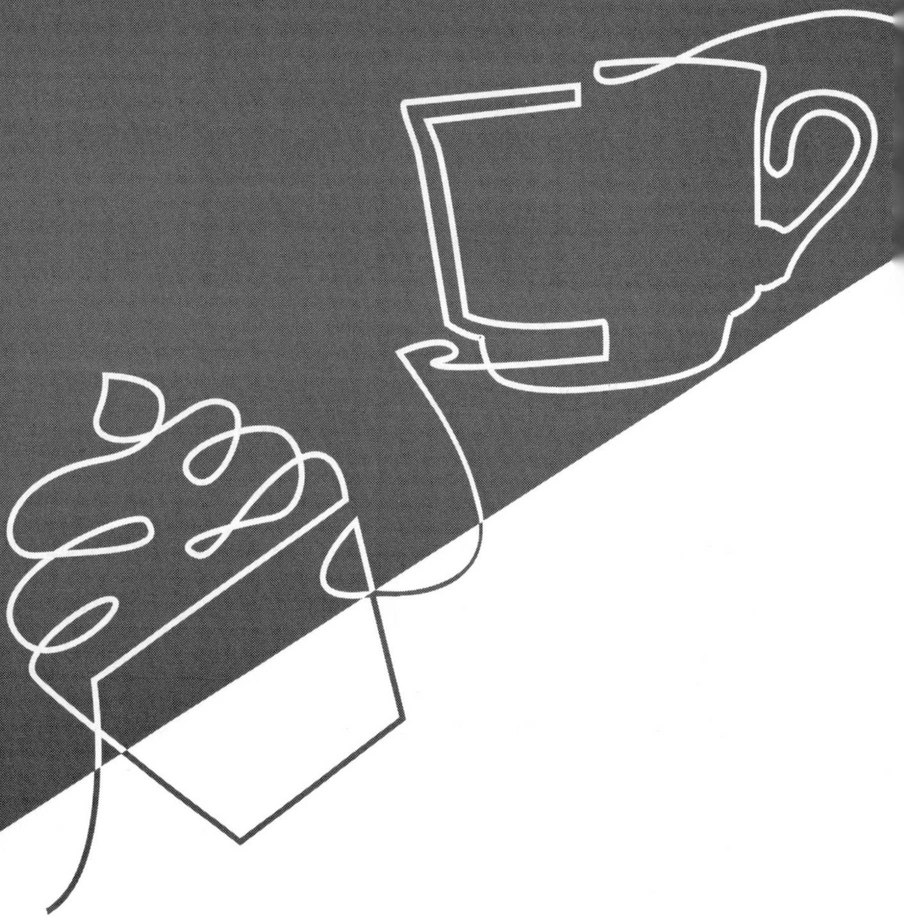

1. 고감미 인공 감미료, 수크랄로스

수크랄로스는 화학식이 $C_{12}H_{19}Cl3_{3}O_{8}$이며 흰색 또는 엷은 회백색의 결정성 가루로 냄새는 없으나 강한 단맛을 가진 무(無)열량 고(高)감미 인공 감미료이다. 유럽연합(EU)에서는 E955로 알려진 물질이다. 저온의 물이나 메탄올, 에탄올 등에 잘 녹으며 아세트산 에틸에는 잘 녹지 않는다.

슈크로스(설탕)를 염소화하여 생산되며 설탕보다 320~1000배 달고 아세설팜류(類)보다 2~3배 달며 열량은 없다. 열(熱) 및 광범위한 pH에서 안정하기 때문에 빵이나 유통기한이 길어야 하는 제품에 사용된다. 열량이 없는 감미료이므로 견과류와 껌, 잼류와 음료, 가공유류 및 발효유류 등에 사용되며 설탕의 대체식품으로써 영양보충용 식품 등에도 사용된다. 다른 저칼로리 감미료보다 맛과 안정성이 더 좋다. 상품명은 Splenda, Zerocal, Sukrana, SucraPlus, Candys, Cukren, and Nevella

등으로 출시된다.

수크랄로스는 충치를 유발하지 않고 인슐린 수치에 영향을 주지 않는다. 그래서 비만과 당뇨병 환자 여부에 상관없이 사탕과 아침 대용식 바(bar) 그리고 음료수와 과일 통조림 등에 널리 사용되며 분자량은 적으나 칼로리가 높은 옥수수 시럽을 대체하는 용도로 사용된다.

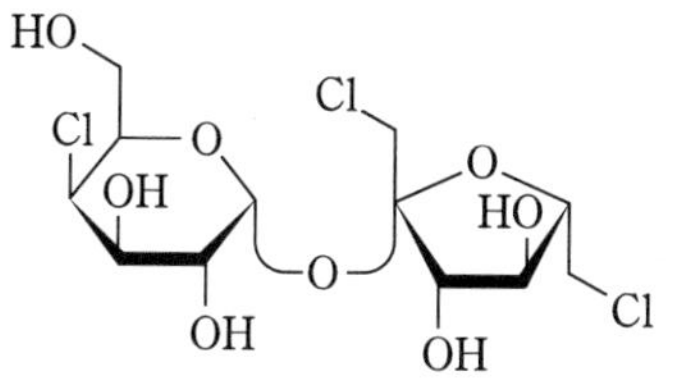

수크랄로스의 구조

또한 설탕으로부터 합성되므로 설탕과 유사한 감미를 가지고 있으며 단맛의 발현이 빠르고 단맛의 지속시간은 설탕과 유사하다. 그리고 다른 당류 또는 비(非)당류 감미료와 혼용하면 다른 감미료의 단점을 보완하면서 단맛을 증가시킨다. 하루 허용섭취량(ADI, acceptable daily intake)은 0.0~15.0 mg/kg 정도다. ADI는 평생 매일 먹는다고 하더라도 유해한 작용을 일으키지 않는 범위의 허용량을 말한다.

2. 인공 감미료인 수크랄로스의 합성

인공 감미료인 수크랄로스를 합성하는 방법은 다양하다. 여기에서는 설탕(sucrose)을 출발 물질로 하여 3단계를 거쳐 이루어진 수크랄로스의 합성을 제시한다(J Biosci Bioeng. 2017 May;123(5):576–580).

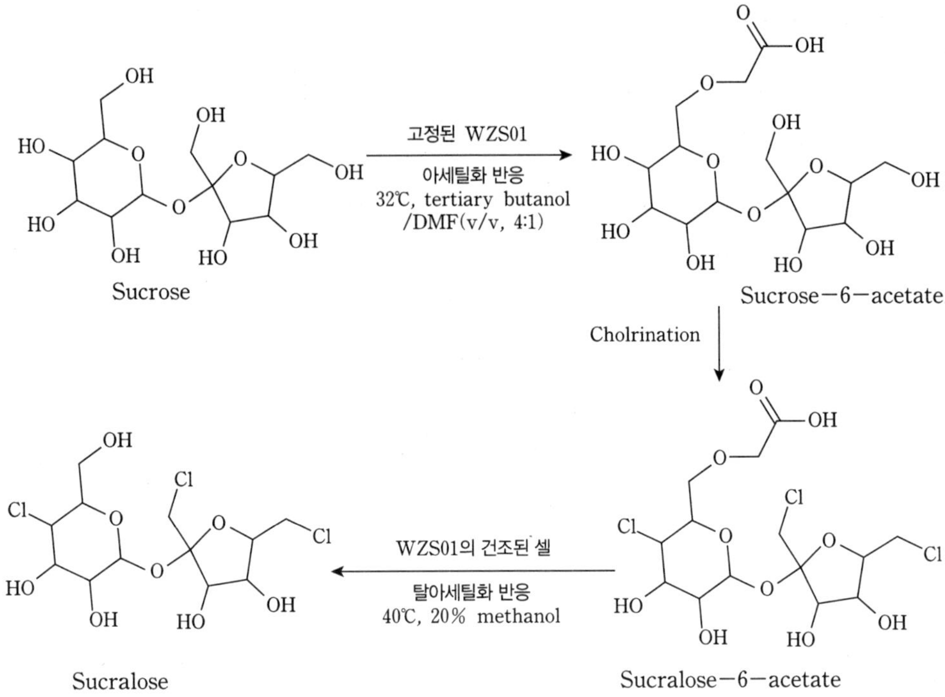

먼저 Bacillus amyloliquefaciens WZSO1을 분리한 후 확인하였다. 효소 Bacillus amyloliquefaciens WZSO1을 이용하여 아세틸레이션(acetylation) 시켜서 sucrose-6-acetate를 합성한다. Sucrose-6-acetate는 sucralose-6-acetate 합성의 가장 중요한 중간체이다.

이 단계에서 반응 조건은 대단히 복잡하다. 수크랄로스의 합성은 다음과 같이 진행된다.

Sucrose-6-acetate를 염소화(chlorination)시켜 sucralose-6-acetate를 합성한다. 합성된 sucralose-6-acetate에서 6-acetyl group을 제거(deacetylation)하여 인공 감미료인 수크랄로스를 합성한다. 이 단계에서

도 다양한 반응 조건을 적용할 수 있지만 여기서는 효소적인 방법으로 합성이 이루어졌다.

3. 고감미 무칼로리 감미료

앞서 언급했듯이 영국에서 개발된 수크랄로스(sucralose)는 설탕보다 분자량이 약간 많지만 약 600배 정도의 높은 감미도를 갖는 고감미 무칼로리 감미료이면서 높은 안정성을 갖고 있다. 비교적 빨리 단맛을 느낄 수 있으며, 단맛의 지속시간 역시 설탕과 유사하고 특히 분자 구조상 –OH 기를 많이 가지고 있어 낮은 온도의 물에서도 매우 잘 용해된다.

저온(低溫)의 물에서도 매우 잘 녹는 특성 때문에 우리나라의 희석식 소주에 수크랄로스를 포함하여 여러 가지 감미료를 많이 넣는 추세다. 설탕보다 소량을 첨가해도 단맛이 나고 칼로리가 없다는 특징 때문에 제로 칼로리라고 기재된 음료수에 많이 들어간다. 칼로리가 없는 감미료는 입 안에서 단맛을 느끼게 한 후 목으로 넘어간 다음 체내에 흡수가 되지 않은 채 밖으로 배출된다. 즉, 장에서 흡수되지 않은 채 배출된다는 것인데 이 부분에 대해서는 아직도 의견 대립이 있다.

우리나라에서는 과자(1.8 g/kg 이하), 껌(2.6g/kg 이하), 잼류(0.4g/kg 이하) 등의 식품에 수크랄로스를 많이 사용하고 있다. 자연에서 추출된 천연 감미료도 많이 먹으면 인체에 문제가 발생하기에 합성 인공 감미료 역시 매일 섭취한다는 가정 아래에 인체에 해를 끼치지 않을 정도로 식품 첨가량을 제한하고 있다.

20 Chapter

글루탐산

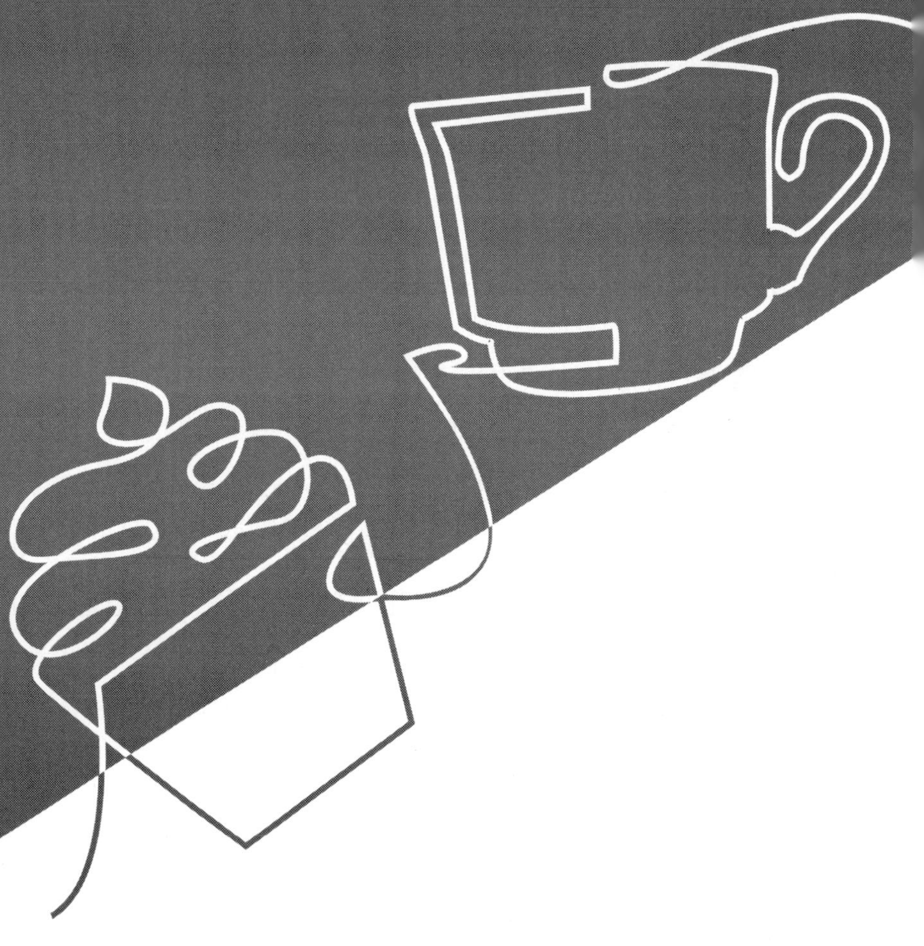

1. 아미노산 중의 하나

글루탐산은 감초의 뿌리에 존재하는 감미 성분으로 당도(糖度)는 설탕의 약 50배인 흰색 결정형 고체이며 분자식은 $C_5H_9NO_4$이다. 분자량은 147이며 단백질을 구성하는 20가지의 아미노산 중의 하나로 산성 α-아미노산에 속한다. 흥분성 산성 아미노산인 글루탐산은 L-형태로 자연 발생하는 비(非)필수아미노산이므로 체내에서 합성할 수 있고 중추신경계에서 가장 흔한 흥분성 신경 전달 물질이다. 지구상의 모든 생명체의 단백질 합성 시 사용되며 또한 신경흥분을 억제하는 GABA(gamma-aminobutyric acid)를 합성하는 전구 물질이기도 하다.

우리 뇌에는 수많은 신경전달물질과 신경조절물질이 존재한다. 신경전달물질(neurotransmitters)은 대부분 화학 물질로서 인접한 신경세포들 사이에 빠른 소통과 정보교환을 일으키는 기능을 담당한다. 신경조절물질(neuromodulators)은 신경전달물질과는 다르게 좀 더 느리게 활동하지만 영향력을 더 멀리 위치한 뇌에까지 미치게 하는 화학 물질을 말한다. 글루탐산염과 GABA가 가장 널리 알려진 대표적인 신경전달물질이다.

글루탐산을 염기로 중화·정제하여 얻은 글루탐산염은 대체로 자극적인 신호를 전달하는 역할을 하고, GABA는 뉴런 사이에서 억제하는 신호를 전달한다. 글루탐산과 GABA는 서로 협력해서 신경전달물질로서 작용하며, 뇌를 건강히 유지하고 적절하게 정보처리를 하기 위해서는 이 두 물질 사이의 균형이 상당히 중요하다. 이 균형이 깨지면 신경쇠약 및 심한 두통과 구토 증상 그리고 어지럼증을 동반하는 뇌졸중을 일으키는 원인으로 작용할 수 있다.

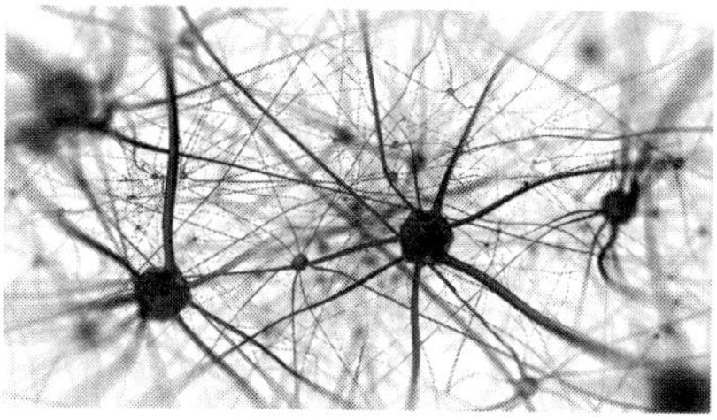

식물 단백질 속에 함유된 글루탐산은 밀의 글루텐의 가수분해물에서 처음 발견되었으며 단백질을 구성하는 아미노산으로서는 가장 다량으로 존재하는 것 중의 하나이다. 특히, 밀의 글리아딘에는 글루탐산이 43.7% 함유되어 있다.

소맥 단백질의 주성분인 글루텐은 보리, 밀 등의 곡류에 존재하는 불용성 식물성 단순 단백질이어서 당과 지질까지 함유된 성분을 말하며 이 글루텐의 함량이 밀가루의 종류를 결정한다. 밀가루에 소량의 물을 가해 반죽하여 덩어리를 만든 후 이것을 다량의 물속에서 주무르면 물속에 녹말의 미립자가 분산되는 현상인 현탁이 제거되고 점착성이 있는 덩어리만이 남는데 이 성분이 글루텐이다. 글루텐을 50~70%의 에틸 알코올(ethyl alcohol)에 용해시켰을 때, 녹는 성분은 글리아딘(gliadin)이고 녹지 않는 성분은 글루테닌(glutenin)이라고 한다.

2. 다시마의 맛, L-글루탐산

바다의 채소인 다시마의 맛 내기 성분의 본체가 L-글루탐산인 것을 발견하고 염기에 의해 중화 정제된 모노-L-글루탐산 소듐 염을 조미료로 개발하였다. 육류와 어류 그리고 채소 등에도 천연상태로 존재하고 있으며, 유제품과 식품에 함유된 천연상태의 글루탐산이라고 하면 대부분 L형을 가리킨다.

다음은 글루탐산과 모노소듐 글루탐산염의 구조식이다.

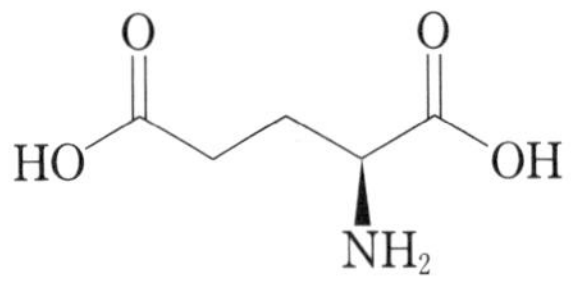
글루탐산의 구조

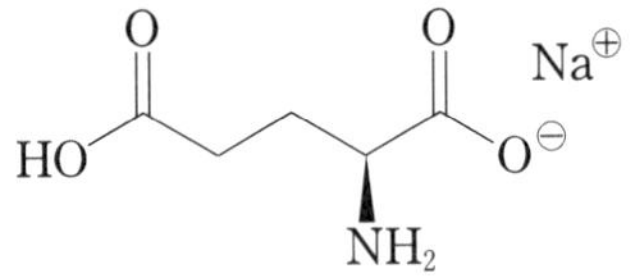
L-글루탐산 소듐의 구조

글루탐산은 α-아미노 글루탐산이라고 하며 비(非)필수아미노산의 일종이다. 1908년 일본의 '이케다 기쿠나에(池田菊苗)'에 의하여 다시마의 맛 성분이 L-글루탐산임이 밝혀졌으며 이로부터 인공 조미료인 글루탐산 소듐을 주성분으로 한 조미료인 아지노모토가 개발되었다.

3. 화학적 합성과 생화학적 합성

3-1. 화학적 합성

요리할 때 즐겨 사용되는 글루탐산의 실체를 탐구해 보기로 하자. 글루탐산의 합성법은 다양하다. β-폼일 프로피온산을 출발 물질로 하는 아미노산의 합성, 아크릴산 에스터 또는 아크롤레인과 아세트아미도 말론산 에스터 등과의 축합 반응, 2-케토글루타르산의 환원적 아미노화 반응, β-프로피오 락톤과 아세트아미도 말론산 에스터화의 축합 반응 등의 합성법들이 있다.

생화학적으로 콩이나 밀 등의 가수분해를 이용하거나, 미생물을 통해 발효시킴으로 합성했으나, 지금은 석유화학 공업에서 다량으로 공급되는 아크릴로나이트릴(acrylonitrile)을 원료로 합성한다.

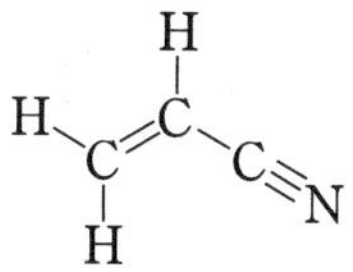

아크릴로나이트릴의 구조

3-2. 생화학적 합성

글루탐산은 생체 내에서는 암모니아로부터 생성되는 아미노산으로, 동물 또는 일부 미생물에서는 α-케토글루타르산으로부터 글루탐산 탈수소 효소에 의하여 생성된다. 식물이나 대부분의 미생물에서는 α-케토글루타르산으로부터 글루탐산 합성 효소에 의하여 생성된다. 또한 글루탐산은 아미노기 전이 반응계의 매체로서 일반 아미노산의 동화와 이화에 중요하다. 외부에서 섭취한 에너지원을 필요한 성분으로 변화시키는 일인 동화(assimilation and anabolism)는 외부로부터 받아들인 저분자 유기물이나 무기물을 이용하여 자신에게 필요한 고분자 화합물을 합성하는 작용을 말한다. 생물의 조직 내에 들어온 물질을 분해하여 에너지원으로 사용하는 일인 이화(catabolism)는 생물이 체내에서 고분자 유기물을 더 간단한 저분자 유기물이나 무기물로 분해하는 과정을 말한다.

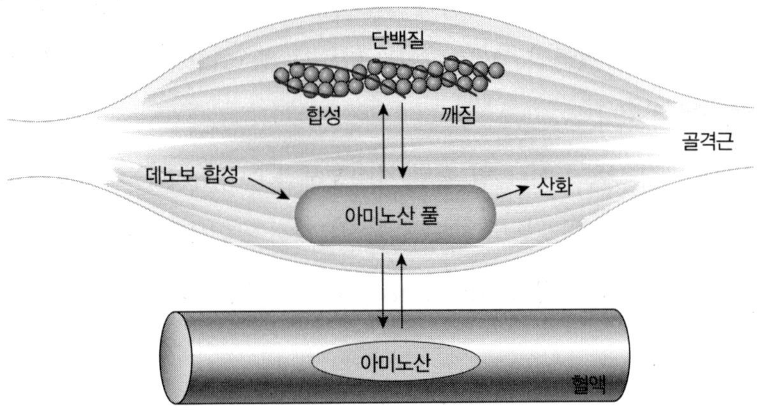

그리고 글루탐산의 생체 내 농도는 꽤 높은 편이다. 글루탐산이 오르니틴, 아르기닌, 프롤린 등을 생합성하는 출발 물질이기도 하고, N-아세틸 글루탐산의 형태로 카르바모일 인산 합성 효소의 촉진 물질로서 요소 회로를 촉진하기 때문이다.

동물의 뇌의 회백질 등에 유리아미노산으로서 가장 많이 분포하고 흥분성 신경전달물질로서 자극 정보를 중개한다. γ-아미노부티르산(GABA)과 대치하는 D-글루탐산은 자연 단백질에는 존재하지 않는 것으로 생각되지만 *Bacillus anthracis*, *B. mesentericus*, *B. subtilis* 등의 세균의 협막에 D-글루탐산 폴리펩타이드로 존재하고, 또한 세균 세포벽의 펩타이드글리칸 속에 존재한다.

다양한 합성법이 화학적 또는 생화학적으로 존재하지만 여기서는 질소 대사를 통하여 글루탐산을 생합성하는 과정을 언급한다. 생합성에 사용되는 질소원은 대기 중의 질소(N_2)가 고정되거나 질산염(NO_3)이 환원

되어 생성된 암모늄 이온(NH_4)이다. 암모늄 이온에서 양성자가 떨어져 나가면 암모니아(NH_3)가 되어서 공기 중으로 쉽게 날아가 버릴 수 있다. 하지만 높은 농도의 암모늄 이온은 독성이 강하기 때문에 세포들은 높은 농도의 암모늄 이온을 직접 저장하는 대신에 암모늄 이온을 유기물에 동화하여 세포 내에 저장한다.

4. 질소 대사를 통한 글루탐산의 생합성

질소대사를 통하여 글루탐산을 생합성 하는 과정에서 글루타민 합성효소(glutamine synthetase)에 의하여 암모늄 이온이 글루탐산에 결합되어 글루타민이 만들어지는 과정을 먼저 살펴본다.

$$\text{Glutamate} + NH_4^+ + \text{ATP} \longrightarrow \text{glutamine} + \text{ADP} + \text{Pi} + H^+$$

이 과정을 통해서 만들어진 글루타민과, TCA 회로의 중간 생성물인 2-oxoglutarate(α-ketoglutarate)는 글루탐산 합성 효소에 의해서 2개의 글루탐산으로 변환된다.

$$\text{glutamine} + \text{2-oxoglutarate} + 2H^+ (\text{NADPH} + H^+) \longrightarrow 2\ \text{glutamate} + (\text{NADP}^+)$$

일련의 글루탐산 합성 효소에 의한 순반응을 통해 NADPH와 ATP가 각각 1분자씩 사용되어 2-oxoglutarate(α-ketoglutarate)와 NH_4로부터 1분자의 글루탐산이 생성된다.

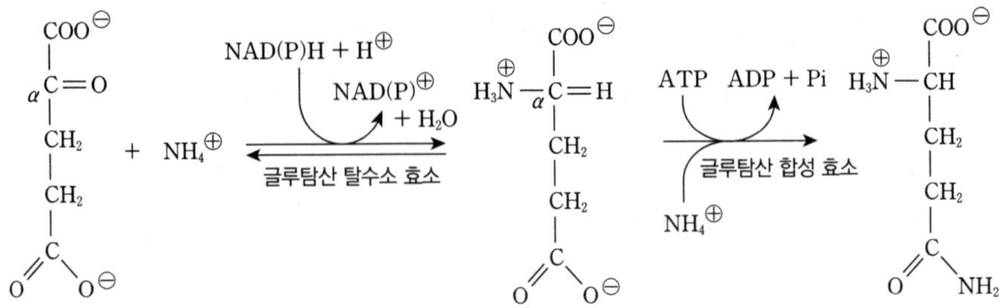

α-케토글루타르산 (2-oxoglutarate) 글루탐산 글루타민

질소 대사를 통한 글루탐산의 생합성 과정 중 글루탐산 탈수소 효소(glutamate dehydrogenase)에 의한 글루탐산의 생성을 살펴보면 다음과 같다. 글루탐산은 2-oxoglutarate(α-ketoglutarate)에 암모늄 이온이 바로 결합되어 생성될 수도 있는데, 이 반응은 글루탐산 탈수소 효소에 의한 한 단계 반응이다.

$$2\text{-oxoglutarate} + NH_4^+ + NADPH + H^+ \rightleftharpoons \text{glutamate} + NADP^+ + H_2O$$

5. 글루탐산 탈수소 효소의 촉매 효과

글루탐산 탈수소 효소는 대부분의 세균과 진핵생물의 미토콘드리아에 널리 존재하며 주된 촉매 반응은 글루탐산으로부터 2-oxoglutarate(α-ketoglutarate)를 생성하는 것이다. 하지만 이 효소 반응은 가역 반응이어서 NH_4^+와 2-oxoglutarate(α-ketoglutarate)로부터 글루탐산이 합성될 수 있다.

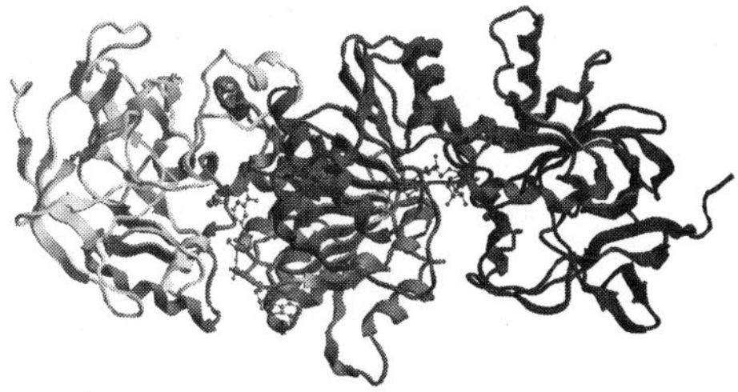

NH_4^+에 대한 글루탐산 탈수소 효소의 Km[미하엘리스 정수(~定數). 효소 반응속도가 최대속도의 반이 될 때의 기질농도(基質濃度)를 표시하는 정수] 값은 약 1 mM 정도로 높아서 NH_4^+와 2-oxoglutarate(α-ketoglutarate)로부터 바로 글루탐산을 합성하려면 세포 내 독성이 나타날 정도로 높은 농도의 NH_4^+가 필요하다. 이런 이유로 포유동물의 세포에서는 글루탐산 탈수소 효소에 의한 NH_4^+ 동화는 거의 일어나지 않으며, 토양 세균에서도 아주 많은 양의 NH_4^+가 존재할 때만 이 효소를 통한 NH_4^+의 동화가 일어난다.

6. 인슐린과 글루탐산의 관련된 반응

소화 효소와 호르몬을 분비하는 장기인 췌장(이자)의 내분비 세포들의 덩어리로 랑게르한스섬의 β 세포에서 분비되는 호르몬으로 혈액 속의 포도당의 양을 일정하게 유지시키는 것이 인슐린(insulin)이다. 인간의 인슐린은 21개의 아미노산으로 구성되면서 disulfide 결합(S–S)을 하나 가지는 사슬 A와 30개의 아미노산으로 구성되는 사슬 B가 두 개의 disulfide 결합으로 연결된 구조이며 분자량은 5,734의 폴리펩타이드 호

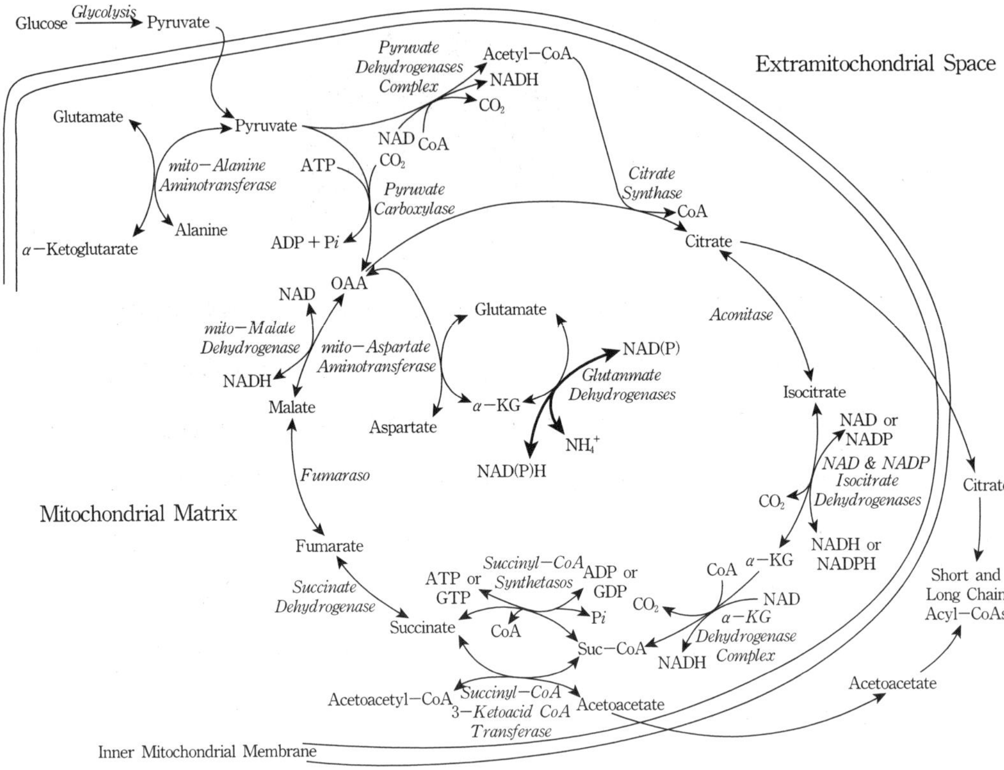

Insulin 분비를 자극하기 위해 glutamate dehydrogenase에 의한 glutamate의 산화적 탈아미노 이탈반응이 관련된 반응들. extramitochondrial space; 사립체 바깥 공간

르몬이다.

세포질 속에는 과립 모양의 물질인 미토콘드리아가 존재한다. 미토콘드리아 내막에 둘러싸여 내막의 주름진 구조인 크리스타 사이를 메우는 부분이 기질(mitochondrial matrix) 부분이다. 기질 부분과 외부 세포질의 사이는 크리스타 및 외막에 의해 이중으로 분리되어 있다. 여기에 시트르산 회로와 지방산의 β 산화계 그리고 아미노산 대사에 관여하는 여

러 효소가 존재하고 있다. 수소 수용체인 NAD(nicotinamide adenine dinucleotide)나 에너지 전달물질인 ATP(adenosine triphosphate) 등의 보조 효소 및 각종 중간 대사물도 여기에 존재한다. 장수에 매우 필수적인 역할을 하는 미토콘드리아의 고유의 유전계(DNA, rRNA, tRNA)도 이 구획에 존재한다. 기질과 결합하여 반응에 관여하는 여러 가지 효소의 양이나 종류는 미토콘드리아의 종류에 따라 크게 달라진다. 인체의 모든 일에 관여하여 인체의 화학 공장이라고 불리는 간과 같이 화학 변환 기능이 중요한 생리적 의의가 있는 것에서는 크리스타의 발달은 불량하다. 그렇지만 섬유계 및 미세소관이 불규칙하게 얽혀있는 기질부는 상대적으로 커다란 역할을 차지하며 효소의 종류도 풍부하다.

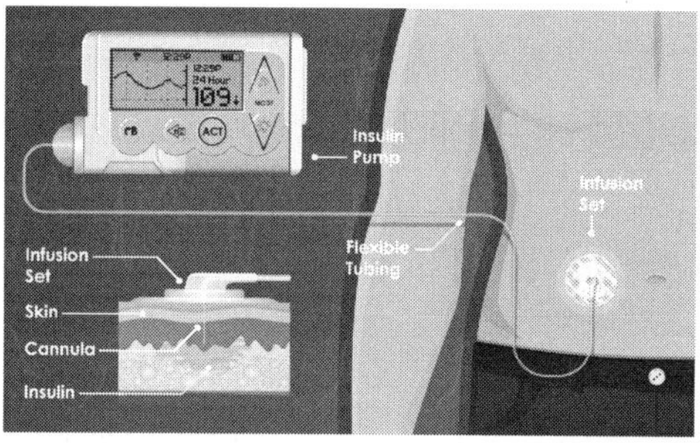

이자에서 분비되며 탄수화물 대사를 조절하는 호르몬 단백질로 몸 안의 혈당량을 적게 하는 인슐린은 많은 조직과 기관에서 여러 대사에 직접적 또는 간접적으로 작용하며 다른 호르몬과도 밀접한 관계를 유지하면서 대사 조절에 중요한 역할을 한다. 이와 같이 다양한 역할을 하는 인슐린이 결핍되는 경우에 많은 조직에서 포도당의 섭취가 저하되므로 간(肝)의 포도당 방출량이 증가하여 고혈당 상태인 해로운 당뇨병이 된다.

인슐린의 분비를 자극하기 위해 glutamate dehydrogenase에 의한 glutamate의 산화적 탈아미노 이탈반응이 관련된 반응들은 매우 복잡하고 여기에는 다양한 생화학 반응들이 존재한다. 이러한 많고 복잡한 중요한 효소 반응 단계는 미토콘드리아에서 이루어지고 있다.

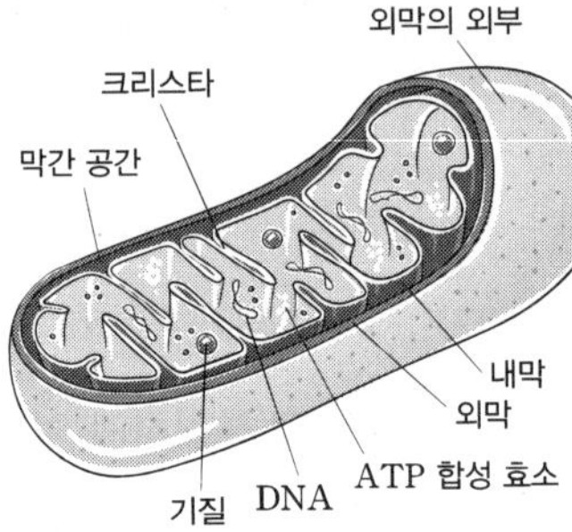

미토콘드리아의 구조

7. 글루탐산의 맛을 내는 원리

글루탐산이 맛을 내는 원리는 글루탐산에 소듐을 치환시켜서 물에 잘 녹게 하는 것에서 출발한다. 소듐염은 이온으로 해리가 잘 되기 때문에 감칠맛 수용체에 잘 결합할 수 있다. 맛을 증폭시킨다거나 미각 수용체에 경쟁적 억제제나 촉진제로 작용하기보다는 맛의 원인 물질의 농도를 높이는 원리다.

음식에 감칠맛을 더해 주기 위하여 최초로 대량 생산된 맛소금(MSG와 소금을 조합한 제품)은 L-글루탐산 소듐[Monosodium L-Glutamate]이 포함된 것이다. 광학이성질체 특이성에서 L이 의미하는 것은 Levorotatory(왼쪽)로 선회하는 것을 말하고, D는 Dextrorotatory(오른

쪽)로 선회하는 것을 의미한다. 사람을 비롯한 대부분의 생물에서는 아미노산의 D/L 이성질체 중 L 이성질체가 주로 분포하여 다양하고 의미가 있는 생체 반응을 주도하고 있다.

맛을 내는 일은 간단한 것 같지만 상당히 까다로운 작업이다. 단맛, 짠맛, 신맛이 적절하게 조화돼야 맛있는 것이라서 맛있다고 느끼게 만들기가 쉽지 않다. 그런데 L-글루탐산 소듐을 조금 넣으면 마술처럼 근사한 맛이 나오며 신맛과 쓴맛을 완화 시키고 단맛에 감칠맛을 더하며 자연 풍미를 이끄는 기능을 한다.

L-글루탐산 소듐은 국제적으로는 향미증진제로 분류되지만 과량 첨가하면 상당히 느끼한 맛이 나면서 짠맛도 느껴져서 오히려 음식을 망치게 된다. 그 맛은 라면에 물을 많이 부어서 끓이면 짜고 매운맛은 거의 느껴지지 않으면서 끝 맛에서만 느껴지는 오묘한 맛이라고 보면 된다. 또한 소듐을 함유하고 있어서 다량 섭취하면 소듐 과다 섭취의 위험이 있다. 소듐의 질량 비율이 소금보다 약 1/3이기에 소금을 적게 넣으면서 L-글루탐산 소듐을 많이 넣는다면 맛을 확 바꿀 수 있다. 이런 방식으로 소듐 섭취량을 20~40% 정도 감소시킬 수 있다는 연구 결과가 있으며 소듐 섭취 감소에 유용하다는 주장으로 재조명을 받고 있다.

8. 감칠맛을 격증시키는 L-글루탐산 소듐

L-글루탐산 소듐(sodium monoglutamate 또는 monosodium glutamate)을 흔히 화학조미료라고 부르지만 화학하면 떠올리는 석유 같은 것으로부터 합성해낸다는 의미는 아니다. 사카린, 아스파탐 등과 달리 L-글루탐산 소듐 분자는 화학적으로 합성하거나 변형시키지 않으며 단지 미생물과 동식물 등에서 추출하고 정제해서 농축을 한다.

화학적으로 합성을 한다는 뜻의 화학조미료가 아니라 화학이란 학문에 의하여 연구되고 탄생한 조미료이기 때문에 화학조미료라고 불리는 것이다.

L-글루탐산 소듐이 과거에 화학조미료라고 불렸던 이유는 L-글루탐산 소듐의 첫 상품인 '아지노모토'에서 제품명과 함께 화학적 광고를 했기 때문이다. 당시에는 화학이라는 단어를 병행하면 뭔가 새로운 것을 마술처럼 만들어낸다는 사회적 인식이 있어서 지금과는 달리 화학조미료라는 명칭이 그 상품을 돋보이게 해주는 역할을 했고 아무런 거부감이 없이 사용되었다.

국물 요리가 많은 한국에서는 특히 감칠맛을 획기적으로 더해 주는 L-글루탐산 소듐의 인기가 엄청났다. 한때 MSG(monosodium glutamate)는 평양의 냉면집을 중심으로 인기를 얻기 시작했으며 장사가 너무 잘되자 일본 아지노모토 본사에서 직접 냉면집을 경영하기도 했다.

9. 유해성

L-글루탐산 소듐의 유해성은 글루탐산이 아니라 결합 돼 있는 소듐 이온에서 오는 것이다. LD_{50}은 16600 mg/kg(oral, rat) 정도라서 소금보다 안전한 편이다. 70 kg 정도 사람의 LD_{50}은 소금이 약 300 g이고 MSG는 1.2 kg 정도라고 하니 상당히 안전한 편에 속한다고 보면된다.

10. 조미료에 익숙해진 현대인

MSG에 대한 거부감이 있는 사람도 많지만 오히려 익숙해져 있는 경우가 더 많은 것 같다. 그런 에피소드들이 몇 가지 있다.

조미료에 알레르기 증상이 있으니 절대 넣지 말라고 요청한 고객이 조미료를 조금 첨가한 음식을 맛본 후 극찬을 하더라는 이야기가 있다. 또 어느 신혼인 남편은 저녁 식사를 하면서 아내에게 '우리 엄마가 해주던 음식보다 맛이 없다'고 투정을 했다. '그럼 당신 어머니께서 해주시던 것과 똑같이 해볼게요'하며 아내가 다시 요리해 준 음식을 맛본 남편은 '엄마가 해줬던 맛과 정말 똑같아'라며 감탄하면서 그 비결을 물었다. 그랬더니 아내가 '조미료를 듬뿍 넣었어요'라고 웃으면서 말했다는 이야기도 있다.

마지막은 가업으로 음식점을 물려받은 아들이 '아버지가 운영할 때보다 맛이 못하다'는 고객들의 평가를 받고 고민에 빠져서 '어떻게 하면 아버지처럼 저도 그런 맛을 낼 수 있습니까'하고 여쭤봤다. 그의 아버지께서는 자랑스러운 표정으로 '주방에 있는 삽으로 네가 요리하는 음식에 조미료를 퍼 넣어보려무나'하고 빙그레 웃으셨다는 이야기가 있다. 이런 이야기들의 사실 여부를 떠나서 조미료가 마술처럼 음식의 맛을 황홀하게 만들어 준다는 것을 알 수 있다.

11. 마이야르 반응

당을 함유한 식품에 L-글루탐산 소듐을 첨가하면 갈색을 띠게 되는 이유가 무엇일까. 그 현상은 마이야르 반응(Maillard reaction) 때문이다.

음식의 조리 과정 중 색이 갈색으로 변하며 특별한 풍미가 존재하는 일련의 화학 반응을 마이야르 반응이라고 한다. 환원당을 함유하는 물질에 L-글루탐산 소듐(MSG, monosodium glutamate)을 첨가해 온도를 높여주면 갈색을 띠게 되는 반응으로 생화학자인 루이스 카밀 마이야르(Louis Camille Maillard, 프랑스)에 의해 1912년에 처음 발표되었다.

당류가 아미노산류, 펩타이드류, 단백질 등과 함께 있을 때 쉽게 상호 반응하여 여러 단계의 중간 과정을 거쳐 갈색 색소인 멜라노이딘(melanoidin)을 생성하는 것이다. 멜라노이딘은 Amino-carbonyl 반응에 의한 갈변 현상에서 반응의 최종 생성물인 갈색 색소인데 그 화학 구조는 미상이지만 CP-MAS, NMR에서 질소 부근의 구조는 공역 enamine 구조와 amide 형태로 추정되고 있다.

일반적으로 과일이나 식품들의 주성분으로 당류 등 카보닐 화합물과 단백질 등의 아미노기를 가진 질소 화합물을 다소 함유하고 있어서 가열하거나 조리하면 마이야르 반응이 일어날 수 있다. 또는 가열 없이 천천히 일어나는, 간장이나 된장을 만드는 숙성 과정도 이 반응에 해당된다. 오래 묵힐수록 장맛이 깊어지는 이유도 마이야르 반응 때문이며 저장하는 과정 중에 갈색으로 변하거나 냄새의 생성 등에 관여하는 갈변 반응도 바로 마이야르 반응의 화학 현상이다.

이 반응의 특징은 간장이나 된장을 만드는 숙성 과정처럼 자연발생적으로도 일어날 수 있다는 것이며 가정이나 캠핑 지역에서 스테이크를

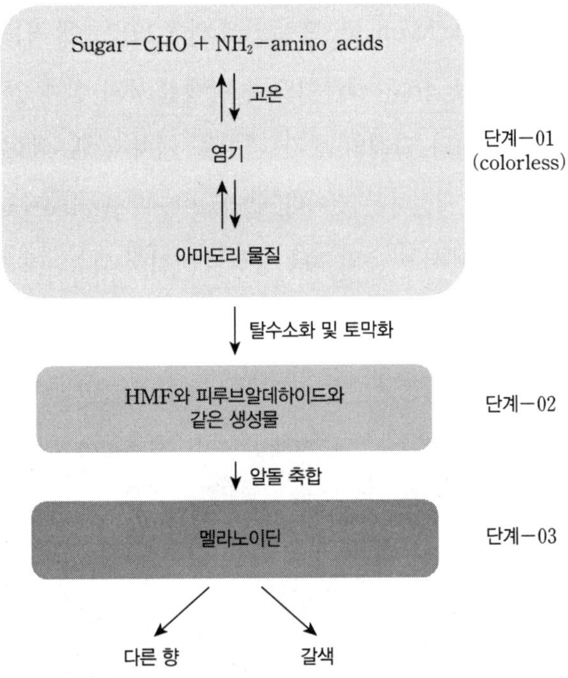

마이야르 반응과 풍미 생성 단계

구울 때 나는 맛있는 냄새 역시 이 반응과 직접적인 연관성이 있다. 특히 부드러운 소고기나 돼지고기 등의 육류의 맛과 냄새는 대부분이 마이야르 반응을 통해서 결정되므로 우리들의 미각과 후각에 깊은 연관이 있다.

21 Chapter

소르비톨

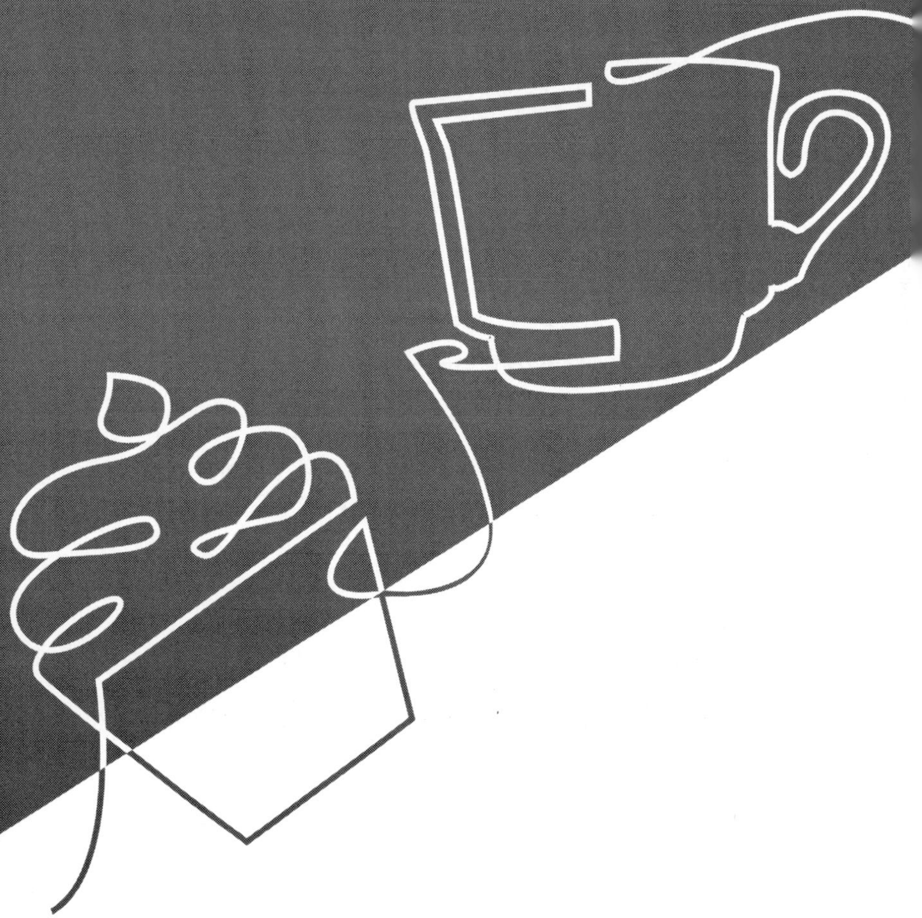

1. 포도당과 같은 육탄당

소르비톨(D-sorbitol)은 천연으로 존재하며, 포도당과 같은 육탄당을 환원하여 얻는 6가 알코올의 일종이다. 설탕과 유사한 단맛을 내며 화학식은 $C_6H_{14}O_6$이고 분자량은 182이다. 천연 감미료로 허가된 성분이며 분자 구조상 물과 수소 결합을 할 수 있는 −OH기를 6개나 가지고 있어 흡습성을 지닌다. 흰색의 결정으로 단맛이 나고 물이나 알코올에 잘 녹는다.

소르비톨은 사과와 복숭아 등의 과일에 함유되어 있으며 화장용 로션과 크림, 치약과 식품 첨가제, ascorbic acid(vitamin C)의 합성 원료 등 필수 가정용품에 사용되며, 당뇨병 환자를 위한 감미료 및 이뇨제 등 의료적 목적으로도 널리 사용된다.

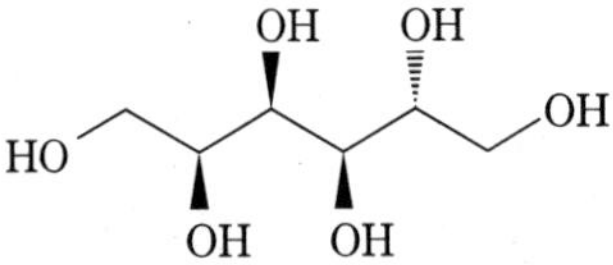

소르비톨의 구조

해조류와 장미과 식물에도 많이 함유된 D-소르비톨은 세균에서 활발하게 대사작용에 참여하지만 동물에서는 생리학적 역할이 상당히 제한되어 있다. 저정낭(성숙한 정자를 사정(射精) 때까지 저장하는 주머니) 속에서 소르비톨은 환원 효소인 NADPH(Nicotinamide Adenine Dinucleotide Phospate, 니코틴아마이드 아데닌 디뉴클레오티드 인산의 환원형)에 의한 포도당의 효소적 환원으로 생성되며, 다시 재산화(reoxidation)되어 과당이 된다.

정액에서 정자를 제외한 부분인 정장(精漿) 속에 높은 농도로 존재하는 과당은 이러한 특수한 신진대사 반응으로 만들어진다. 섭취된 영양소를 소화한 후에 최종적으로 생성된 포도당이 충분한 경우, 이를 저장하기 위해 간에서 글라이코젠을 합성하는 과정으로 혈액 내 포도당의 비율을 일정하게 유지하는 역할을 한다. 생체에 필요한 많은 영양소가 결핍된 상태인 기아 상태의 동물에게 포도당을 전달한 경우에도 적은 양만 소화 분해되며 대부분의 양은 글라이코젠 합성의 재료가 된다.

2. 소르비톨의 생합성

소르비톨의 합성법은 다양하다. 여기서는 효소 합성법을 이용하여 생합성 하는 방법을 소개한다. 먼저 글루코스(glucose)와 보조 효소인 니코틴아마이드 아데닌 다이뉴클레오타이드(Nicotinamide Adenine Dinucleotide, NAD)를 알데하이드 환원 효소로 함께 반응시키면 소르비톨을 얻을 수 있다.

$$\underset{\text{글루코스}}{C_6H_{12}O_6} + NADH + H^+ \xrightarrow{\text{알데하이드 환원 효소}} \underset{\text{소르비톨}}{C_6H_{14}O_6} + NAD^+$$

아래 그림은 소르비톨 생합성에서 효소(aldehyde reductase)와 보조 효소인 NAD의 글루코스와의 반응 과정을 전자 흐름으로 표현하였다.

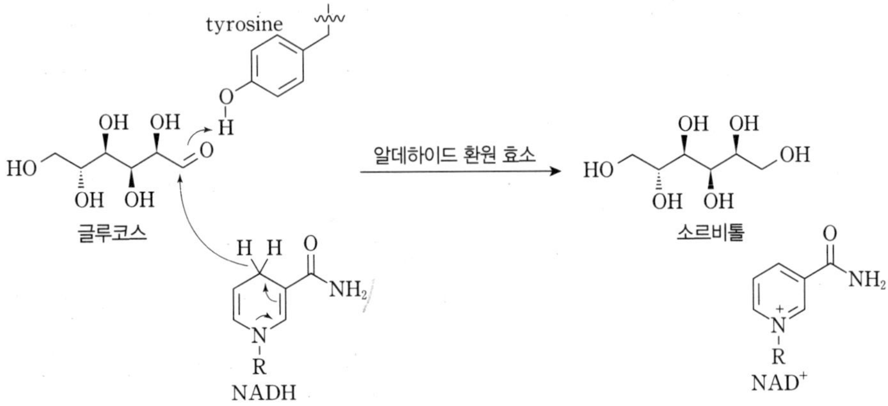

3. 소르비톨의 또 다른 합성

소르비톨의 또 다른 합성법으로는 전분과 덱스트린 그리고 맥아당 등의 분해 반응에 의한 환원, 설탕 수용액의 가수분해에 의한 분리와 환원 그리고 과당의 환원 등이 있다. 그중 포도당을 환원시키는 방법이 순도가 좋으며 높은 석출량의 소르비톨을 가장 경제적으로 얻을 수 있어 현재는 모두 이 방법을 쓴다.

천연 감미료인 소르비톨을 활용하는 하나의 방법으로써 황산 및 유기물을 촉매로 가열하면 분자 내 1분자의 물 분자 탈수가 일어나서 헤테로 5원자고리 화합물(heteroatom 5-membered cyclic compound)인 솔비탄이 된다. 2분자를 탈수하면 관상동맥뿐만 아니라 모든 혈관 확장에 작용하는 솔바이드가 형성된다. 그 반응식은 아래와 같다.

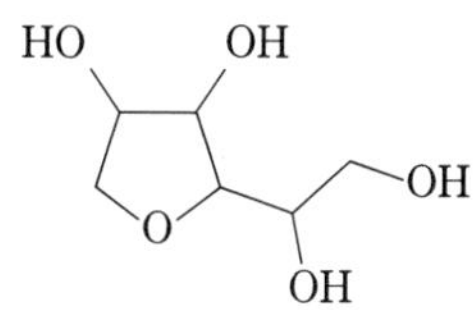

솔비탄의 구조

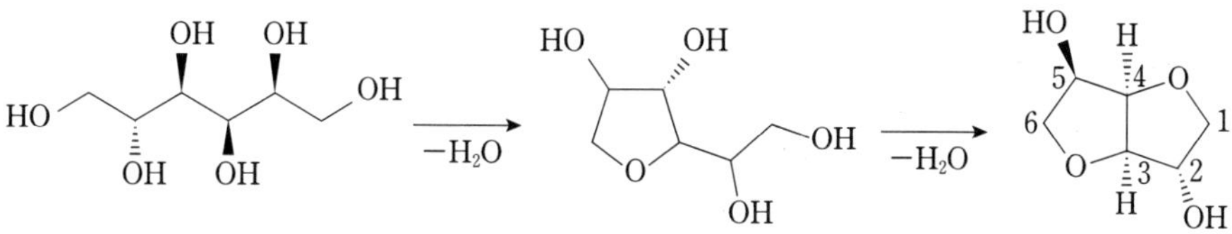

소르비톨과 솔비탄의 탈수 반응

소르비톨에 촉매를 사용하여 지방산을 반응시키면 에스터화하여 친유성(親油性)의 비이온성 계면활성제인 Span계: Sorbitan esters가 얻어지고, 또 산화 에틸렌을 부가하면 친수성(親水性)의 계면활성제인 Tween계: Ethoxylated sorbitan esters가 얻어진다. 계면활성제는 표면활성제라고도 하며 물에 대하여 강한 표면활성을 나타내고 용액 표면에서 임계 마이셀 농도 이상으로 존재할 때 마이셀과 같은 회합체(會合體)를 형성하는 물질을 말한다.

4. 비이온 계면활성제

비(非)이온 계면활성제는 일반적으로 고급 알코올류에 에틸렌 옥사이드를 부가시켜 만든 물질이며 친수성기가 이온화되어 있지 않기 때문에 비이온 계면활성제라고 한다. 섬유 정련제와 액체 세탁제 등의 주성분은 여기에 속하며 화장품 유화제, 제약용 유화제, 아이스크림 유화제 등에 이용하는 SPAN류(예: Sorbitan esters)와 TWEEN류(예: polysorbates) 등이 있다. 또 커피 프림의 주성분인 모노글리세라이드(monoglyceride)도 여기에 속한다.

5. 널리 알려진 약재

소르비톨은 해조류와 식물 특히 장미과 식물 중 마가목에 많이 함유되어 있다. 마가목은 널리 알려진 약재로, 《동의보감》에서는 정공등(丁公藤)이라 하여 "풍증과 어혈을 낫게 하고 노인의 기력을 보강하고 쇠약한 상태를 보(補)하고 성 기능을 높이며 허릿심과 다리 맥을 강하게 하고 뼈마디가 아리고 아픈 증상을 낫게 한다. 흰머리를 검게 하고 풍사(風邪)

를 물리치기도 한다"라고 언급되어 있다. 이와 같이 천연에 존재하며 피부 보습에 탁월한 효능이 있는 소르비톨은 마가목의 열매와 건조 자두에는 15~20% 함유되어 있고, 양(羊)의 정낭과 혈액에도 약 10% 이상 존재한다.

한 분자당 −OH기를 6개나 가지고 있는 소르비톨은 간(肝)에서 소르비톨 탈수소 효소 등의 작용을 받아 과당(fructose)으로 변환되어 에너지 생산에 도움을 주지만 에너지의 원료인 포도당(glucose)과는 달리 혈당치와 인슐린의 증가에는 전혀 관계가 없다. 소르비톨의 감미도는 자당(sucrose, 설탕)의 55~65%이며 물과 수소 결합을 하여 많은 물 분자를 간직할 수 있어 식품의 보습과 품질개량제로 이용된다. 또한 비타민 C, 계면활성제의 원료, 화장품, 고(高)칼로리 수액제 등의 의약품에도 사용되고 있다. 요즘 감미료로 새롭게 주목을 받는 자일리톨처럼 단맛을 내는 점은 같지만, 세균은 소르비톨을 분해하여 에너지로 사용할 수가 없다. 그래서 치약 등에 사용되며 가역 효과가 있어서 크림 표면에 생기는 갈라짐을 방지하고, 갈라짐에 따른 수분 손실을 방지하는 동적 흡습도를 억제한다. '동적 흡습도'란 바람에 쐬어 말린 토양을 수증기로 포화된 공기 중에 방치하여 흡착된 수분량을 처음의 말린 토양의 중량 백분율로 환산한 값을 말한다.

6. 소르비톨의 대량생산

가공식품에 단맛을 주기 위하여 설탕 대신 D-소르비톨을 화학첨가제로 사용한다. 비록 설탕보다 단맛은 약하지만 칼로리가 낮기 때문에 무설탕 제품, 저칼로리 제품, 어린이용 건강식품 등에 쓰이고 있다. 실제로는 사과와 같은 장미과의 과실에서 자연적으로 발견되는 천연성분이지만 원료의 단가를 낮추고 대량생산하기 위하여 유전자 조작식물인 GMO 옥수수 또는 감자 등에서 포도당 성분을 추출한 다음에 D-소르비톨을 추출한다. 그러나 이런 과정에서 니켈과 같은 촉매를 사용해 대량으로 추출하기 때문에 독성이 생길 수 있다.

과자, 비타민, 음료, 화장품, 변비 치료제, 특히 어묵과 게맛살, 젓갈 등에 소르비톨이 함유되어 있다. 과량 섭취하면 소화가 되지 않고 곧바로 장으로 내려가서 몸속의 수분을 흡수해 설사 및 복통까지 유발할 수 있어서 완하제(緩下劑)나 관장약의 성분으로 쓴다. 이는 장(腸)에 들어간 소르비톨이 물을 빨아들여 팽창하면서 장을 자극하여 배변을 유도하기 때문이다.

7. 생활 속의 소르비톨

소르비톨은 식감이 청량하며 단맛이 있기 때문에 무설탕 껌의 원료

로 사용된다. 또 냄새가 없고 수분을 저장하는 능력이 있기 때문에 피부 보습 성분으로도 활용되고 있다. 소르비톨의 −OH기는 공기로부터 수분을 흡수하여 피부 건조를 막고 피부가 부드럽게 느껴지게 한다. 히알루론산 및 글라이세린과 함께 대표적인 보습 성분으로 알려져 있으며 수분을 공급하는 능력이 탁월하다.

히알루론산은 복합 다당류의 하나로, N−아세틸글루코사민과 우론산의 한 종류인 글루쿠론산으로 이루어진 고분자 화합물이다. 히알루론산은 눈의 유리체 또는 탯줄 등에서 찾아볼 수 있는데 생체 내에서 세균의 침입이나 독물의 침투를 방어하는 역할을 한다. 보습 효과가 좋은 소르비톨 역시 피부 유연제와 잘 어울려서 보습력이 높은 세럼과 크림, 연고 등에 사용되며 수용성 성분은 화장품에 쉽게 용해되도록 해주므로 클렌징이나 헤어 팩에도 첨가된다.

또한 당뇨병 환자를 위한 감미료로도 사용된다. 소르비톨은 1 g당 2.6 kcal를 내는 에너지원이어서 1 g당 4 kcal를 내는 설탕보다 열량이 낮고 소화도 느리게 되기 때문에 설탕처럼 인슐린 수치를 급격히 상승시키지 않는다.

8. 안전성

단맛을 내기 위해 설탕 대신 사용하는 소르비톨의 하루 섭취량에 제한을 둬야 한다는 전문가의 의견이 있다. 식품첨가물의 일종인 소르비톨은 다량 섭취하면 설사·복통·구토·탈수 등을 일으킬 수 있는 것으로 알려져 있어서 천연물에서 유래한 것과 대량합성된 것을 구분해야 한다는 주장이다. 유럽식품안전청(EFSA)은 소르비톨을 하루 20 g 이상 섭취하면 설사 등의 부작용이 나타날 수 있다고 경고했다. 일부 연구에서는 소르비톨 섭취량이 하루 5~10 g만 넘어도 문제가 될 수 있다는 결론이 나오기도 했다. 껌이나 사탕을 많이 섭취하면 소르비톨을 과량 섭취하기가 쉽다. 참고로 무설탕 껌에는 1 g당 5~10%의 소르비톨이 들어 있다. 한편 우리나라 식품의약품안전처에서는 소르비톨이 안전한 물질이므로 섭취를 따로 제한할 필요가 없다는 견해를 밝히고 있다.

22 Chapter

자일리톨

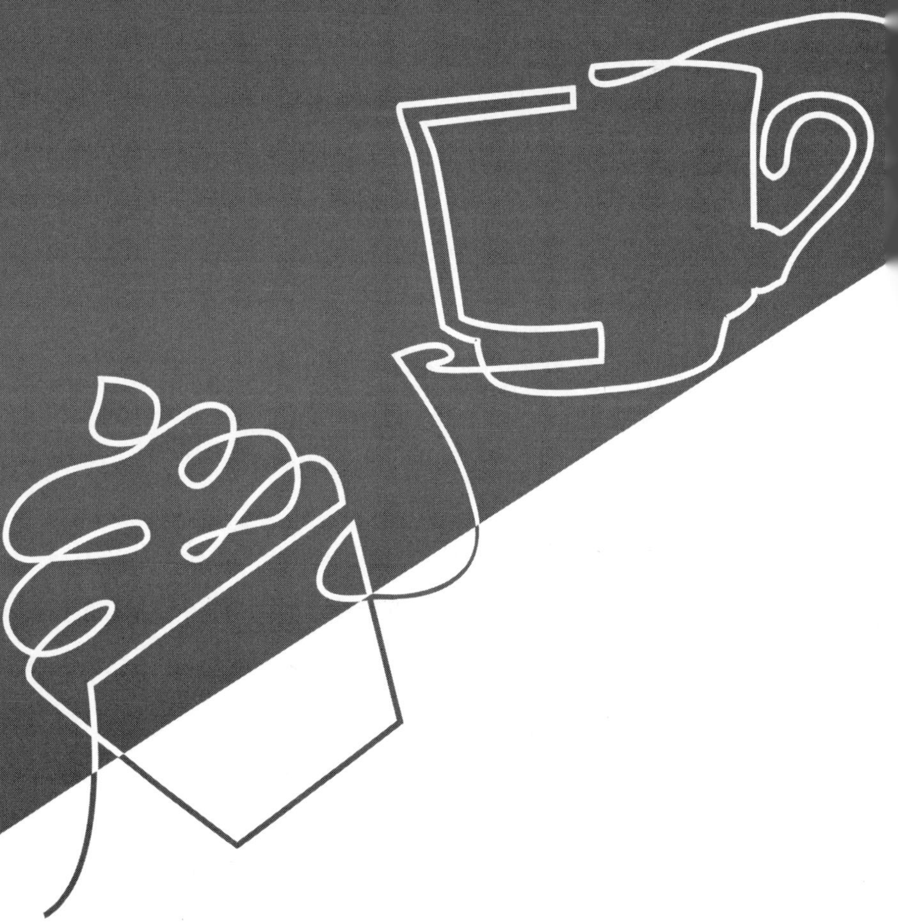

1. 천연 감미료인 자일리톨

자일리톨(xylitol)은 분자식이 $C_5H_{12}O_5$[화학식은 $CH_2OH(CHOH)_3CH_2OH$]이고 분자량은 152인 설탕의 대체 감미료이다. 최근 감미료로 주목을 받고 있으며 씹는 껌과 제과 그리고 의약품과 구강 청결제 등에 사용되는 당알코올계(系) 감미료인데 주로 자작나무와 떡갈나무, 옥수수와 벚나무 그리고 채소와 과일 등의 식물에 함유되어 있다. 1890년대에 처음으로 알려져서 제2차 세계대전 이후 수요가 급격히 늘었고 당뇨병 환자용 감미료를 거쳐서 1970년대 초부터 치의학 분야인 충치 예방에 적합한 천연 감미료로 인정을 받았다.

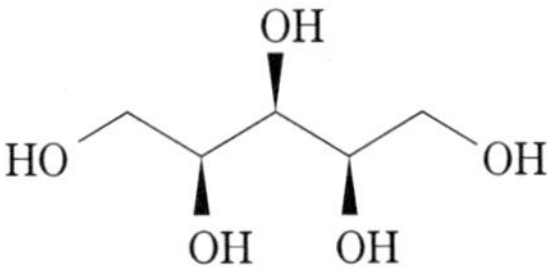

자일리톨의 구조

인체 내에서 포도당 대사의 중간 물질로 생성되는 자일리톨은 6개의 탄소로 만들어지는 6탄당인 포도당과는 달리 5개의 탄소와 5개의 −OH기가 존재하는 특유의 5탄당 구조를 보인다. 핀란드산(産) 자작나무에서 주로 추출돼서 일명 '자작나무 설탕'으로 불리며 그 당도는 설탕과 거의 비슷하다.

특히 충치의 원인은 치아가 당을 분해할 때 생기는 산(酸)에 의해 치아의 에나멜질이 녹는 현상 때문인데 자일리톨은 분해 시 충치의 원인이 되는 산을 형성하지 않아 이런 작용을 억제한다. 그래서 더욱 관심이 커져 천연 감미료로 두각을 나타내고 있으며 주로 핀란드에서 생산되고 있다. 자작나무나 떡갈나무 등의 수목에서 채취되는 성분을 원료로 하여 치과용 혹은 다양한 형태의 껌(gum)으로 만들어져 사용하고 한다.

충치균인 뮤탄스균(충치균(蟲齒菌), 학명: *Streptococcus mutans*)은 연쇄상구균의 일종으로, 글루코스 등의 당류를 분해하여 젖산을 생성하는 세균인 락토바실루스와 함께 충치의 주 원인균이다. 우리의 구강 내에 서식하고 있는 균인 락토바실루스는 치아를 삭게 만들고 뮤탄스는 치아를 검게 썩게 만든다. 충치균들이 오탄당인 자일리톨을 발효·분해시키지 못

하기 때문에 당을 분해할 때 생기는 산의 생성이 불가능해져서 치아의 부식을 막을 수 있고, 손상된 치아 표면을 복원할 수 있도록 도움을 준다.

또한 인슐린 분비를 촉진하면서도 인슐린 작용에 관여하지 않고 세포에 들어가서 혈당에 전혀 영향을 미치지 않는 특성이 있어 의료용으로 비만 및 당뇨병 환자에 포도당 대체 물질의 에너지를 보급해 주는 목적으로 사용한다.

2. 자일리톨의 생합성 경로

자일리톨의 합성법은 다양하지만 위 그림에서는 포도당으로부터 자일리톨이 생성되는 생합성 경로를 보여 준다. 포도당으로부터 자일리톨이

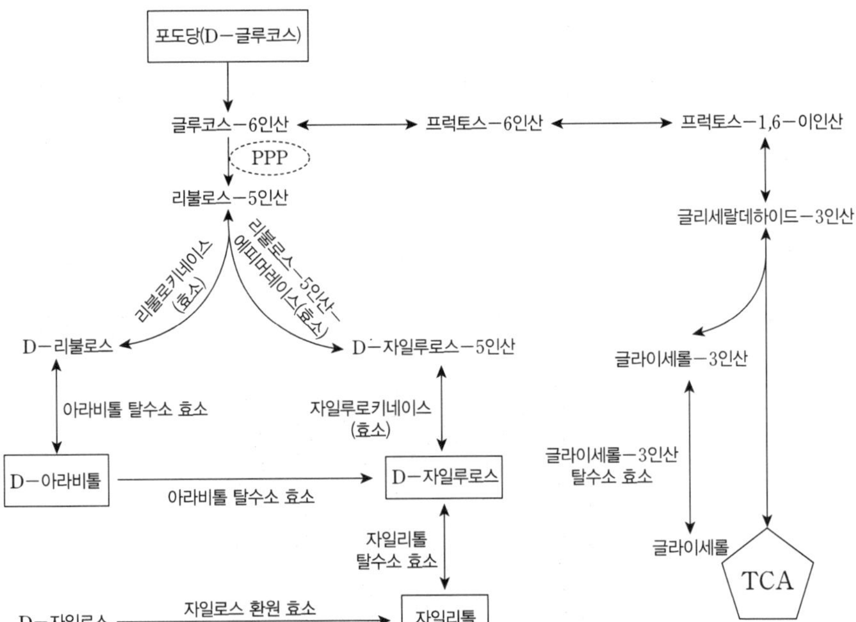

포도당으로부터 자일리톨이 생성되는 생합성 경로

생성되는 생합성 경로는 Pentose phosphate pathway(PPP, 5탄당 인산염 경로)와 여러 단계를 거친다.

아래의 그림은 D-아라비톨(arabitol)로부터 자일리톨이 합성되는 단계인데 첫 번째 단계는 D-아라비톨(arabitol)을 보조 효소인 산화형 $NADP^+$[니코틴아마이드 아데닌 다이뉴클레오티드 인산염(Nicotinamide Adenine Dinucleotide Phospate)의 산화형]과 함께 효소인 D-아라비톨 탈수소 효소를 반응시키면 D-자일루로스(D-xylulose)를 얻을 수 있다.

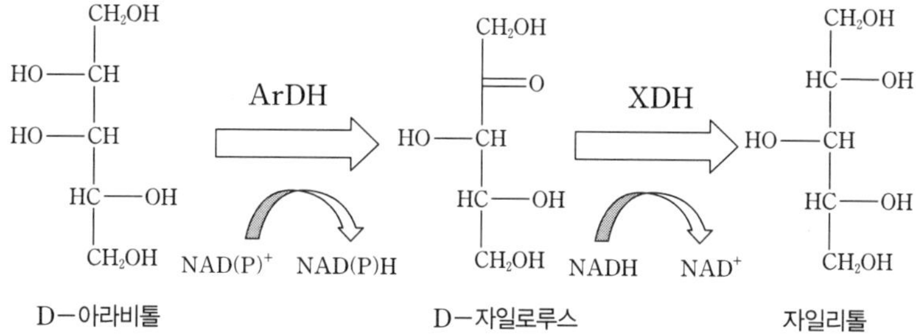

D-아라비톨의 생체 내 변화에 의한 자일리톨 합성

* ArDH(D-arabitol dehydrogenase), XDH(xylitol dehydrogenase)
* NADPH[니코틴아마이드 아데닌 다이뉴클레오티드 인산염(Nicotinamide Adenine Dinucleotide Phospate)의 환원형]
* NADH[니코틴아마이드 아데닌 다이뉴클레오타이드(Nicotinamide Adenine Dinucleotide, NAD)의 환원형]

두 번째 단계에서 D-자일루로스를 보조 효소인 NADH[니코틴아마이드 아데닌 다이뉴클레오타이드(Nicotinamide Adenine Dinucleotide, NAD)의 환원형]와 효소인 자일리톨 탈수소 효소를 반응시키면 천연 감미료인 자일리톨을 얻을 수 있다.

3. 자일리톨의 추출

줄기의 껍질이 종이처럼 하얗게 벗겨지고 얇은 자작나무를 잘게 쪼개서 물에 넣고 가열하면 다당체인 자일란(xylan)이 분해된다. 그리고 알데하이드기(-COH)를 가진 오탄당인 자일로스(xylose)로 바뀌고 여러 공정을 거치며 순도를 높인 뒤 환원시키면 5개의 -OH기를 가진 자일리톨이 된다. 자일리톨을 합성 생산하는 방법은 많으며 헤미셀룰로스를 원료로 하거나 옥수수 등을 발효시켜 만드는 방법도 있다. 최근까지는 핀란드에서 자작나무를 통해 추출해서 생산된 자일리톨이 주종을 이루고 있다.

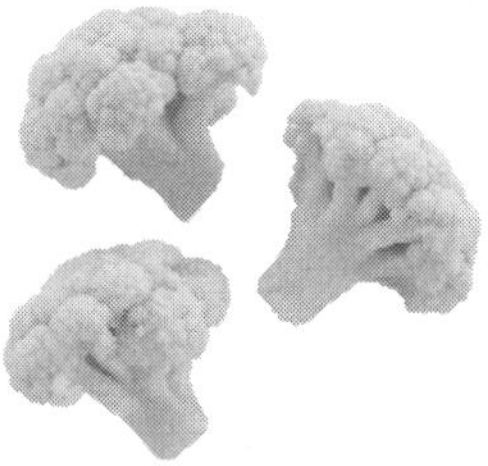

콜리플라워

벌레가 서식하지 않을 정도로 방어력이 특출한 자일리톨은 자작나무뿐만 아니라 서양 자두나무, 딸기, 콜리플라워 등의 채소와 과일 등에 몇 mg/g 이하의 적은 양이 존재하는 천연성분이다. 하지만 감미료 등으로 사용하기 위하여 자일로스 상태에서 화학적인 공정을 통하여 추출하므로 식품위생법상 화학적 합성물로 분류되어 있다.

4. 자일리톨의 충치 예방 효과

최근 감미료 분야에서 새롭게 주목받고 있는 자일리톨이 충치를 예방하는 원리는 이렇다. 자일리톨은 5탄당 구조로 되어 있는데 충치균들이 6탄당은 쉽게 분해해 치아의 에나멜층을 녹이는 산을 만들 수 있지만 5탄당인 자일리톨은 전혀 분해하지 못한다. 충치는 충치균인 뮤탄스균이나 글루코스 등 당류를 분해하는 세균인 락토바실루스 그리고 다른 충치 유발 세균인 소르비누스균이 음식물에 들어있는 포도당 혹은 과당 등을 먹고 배출하는 젖산이 치아의 표면을 부식시키는 현상을 말한다. 자일리톨이 충치를 예방할 수 있는 것은 충치의 원인인 젖산과 같은 산(酸)을 발생시키지 않으며 그 이유로 충치균이 영양소를 섭취하지 못하여 그대로 치아 표면에서 떨어져 나가기 때문이다.

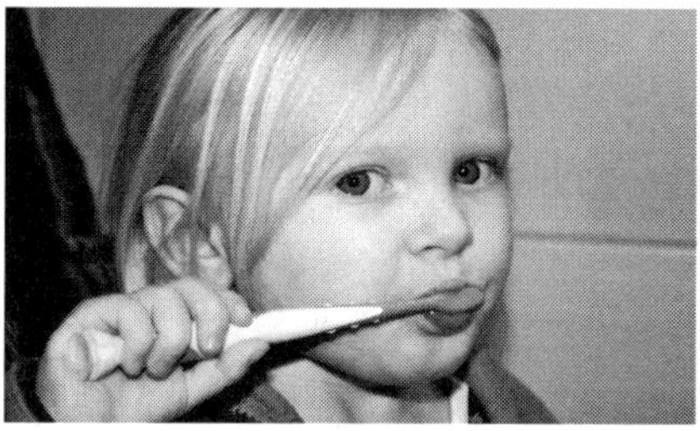

또한 자일리톨은 입안을 개운하게 해 주는 청량 효과와 침 분비를 촉진하는 등의 역할을 하며 특히 충치 예방에 매우 적합하므로 충치를 예방하려는 목적의 식품첨가물로 널리 이용되고 있다.

치아의 겉부분 유리질은 매끄러운 감촉과 광택을 나타내는 에나멜[수산화 인회석, $Ca_5(PO_4)_3(OH)$, 혹은 $Ca_{10}(PO_4)_6(OH)_2$]로 보호받고 있

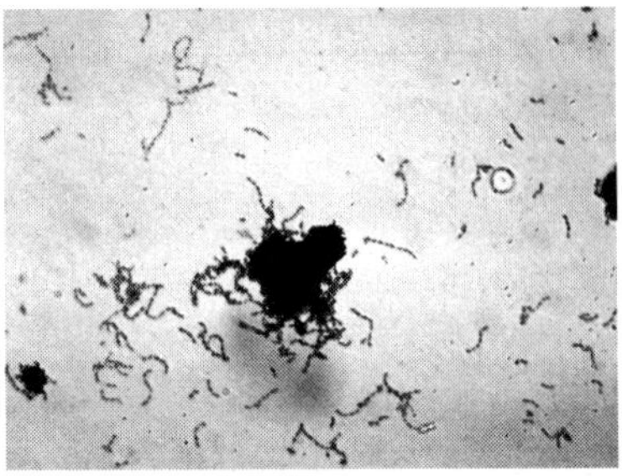

뮤탄스균

다. 그러나 에나멜은 음식을 씹거나 내부 조직을 보호하는 데는 적합하지만 산(acid)으로부터의 공격에는 매우 취약하며, 쉽게 무르게 된다. 뮤탄스균(*Streptococcus mutans*)은 치태와 치석 속에 살면서, 입 안에 잔류하고 있는 음식물 찌꺼기 등을 먹고 분해해서 젖산(lactic acid)을 분비한다. 생리적 조건 아래에서 열역학적으로 가장 안정한 수산화 인회석[$Ca_{10}(PO_4)_6(OH)_2$, 인산염칼슘 화합물]이 입안에서 젖산 및 침과 함께 반응하면 분해되어 이온(Ca 혹은 PO)이 형성되며 물에 쉽게 씻기므로 치아의 에나멜질이 녹는 것이다.

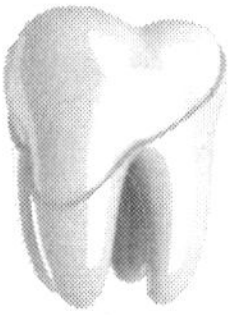

치아 에나멜질의 표면이 닳아 제거되면 약하고 무른 부분에 구멍(cavity)이 나며 그것이 충치가 된다. 음식 찌꺼기를 먹으면 소화 분해되어 입안에 사는 수많은 충치균에 의해 산을 비롯한 각종 대사물질을 만들어지므로 우리는 식사 후에 입안을 물로 헹구어 주는 단순한 일만으로도

충치 예방에 큰 도움이 될 수 있다.

5. 입안에서의 산-염기 반응

양치하고 물로 입안을 헹구는 과정은 단단한 에나멜질인 수산화 인회석의 표면을 치약 조성물질인 탄산 칼슘과 인산염 칼슘 그리고 염화 마그네슘 등의 고체 광물(연마제)로 문지르는 일이다. 그렇게 되면 치아 표면 및 틈새에 있는 각종 음식 찌꺼기는 물론 치태(齒苔)와 치아의 표면에 붙는 단단한 부착물인 치석(齒石)이 제거된다. 식사 후 입속에 남은 음식 찌꺼기의 당(糖) 성분 혹은 다당체(polysaccharide) 등으로 형성된 얇은 막인 치태는 입안의 각종 세균의 보금자리이다. 치태가 칼슘 이온(Ca^{2+})을 비롯한 다른 물질과 결합하여 더욱 단단해지면서 치석(tartar)이 된다. 치약으로 이를 닦으면 치아의 고체인 에나멜과 앞서 언급한 치약의 조성물질인 고체 연마제가 서로 물리적 마찰을 일으켜서 더 무른 고체인 에나멜에 상처(scratch)가 나거나 혹은 마모(abrasion)가 된다.

입안에서의 산-염기 반응을 간단히 살펴보려면 부엌 주방에서 흔히 사용하는 베이킹 소다(중탄산 소듐, NaHCO)를 녹인 물로 입안을 헹구는 경우를 들 수 있다. 입안에 존재하는 충치균들이 뿜어내는 젖산을 포함하여 다양한 산을 중화하려면 염기 용액으로 입안을 헹구면 된다. 즉 베이킹 소다를 녹인 물이 바로 염기 용액이므로 입속의 존재하는 산과 반응할 수 있는 산-염기 중화 반응으로 물과 염(중성 분자)을 생산할 수 있다. 이처럼 매우 간단한 산-염기 중화 반응을 일상생활에 적용할 수 있

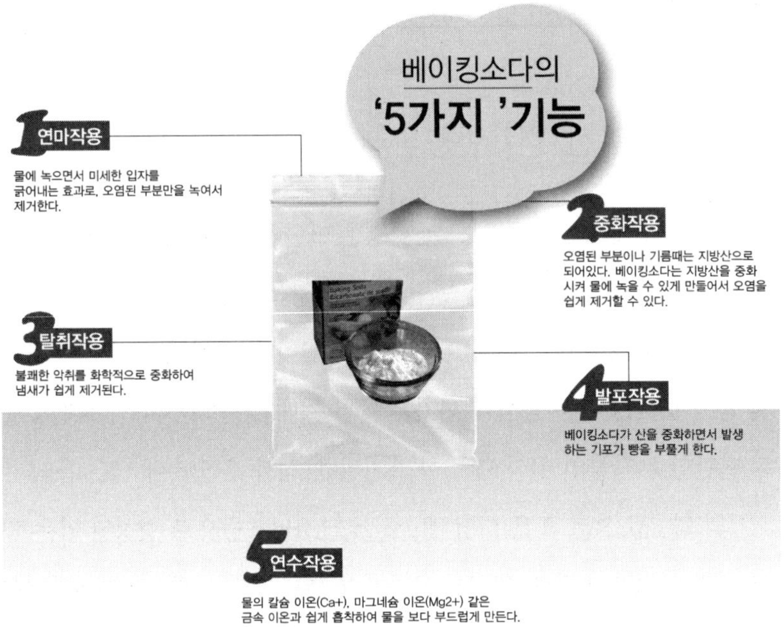

듯이 화학이라는 학문과 반응 물질에 대한 이해의 폭을 조금만 넓히면 우리 생활 곳곳에서 도움을 받을 수 있는 일들이 많이 있다.

6. 뮤탄스균에 의해 소화되지 않는 자일리톨

치약에 첨가되는 조성물질의 하나인 자일리톨은 충치균인 뮤탄스균이 소화·분해할 수 없는 5탄당이다. 그 결과 당을 소화·분해하지 못해 소화불량이 된 충치균은 젖산과 같은 산을 방출하지 못하게 되어 치아의 에나멜층이 산에 의해 침식되는 것을 어느 정도 예방할 수 있다. 달콤한 맛과 청량감을 내기 위하여 치약의 구성 물질로 자일리톨을 첨가하였는데 뜻밖에 충치 예방에 좋은 효과가 생긴 것이다. 이것은 청량감을 주며 또한 식사 후 입속에 남은 음식 찌꺼기의 당(糖) 성분 혹은 다당체(polysaccharide) 등으로 형성된 얇은 막인 세균의 근거지인 치태를 제거해 준다. 그리고 입안의 침 속에 녹아 있는 칼슘 이온과 인산 이온이 반응하여 새로운 유리질의 도료로 매끄러운 감촉과 광택을 나타내는 에나멜질이 새롭게 형성될 수도 있게 한다. 그렇기에 치과에서 정기적인 치아에 낀 치석(齒石)을 제거하는 스케일링(scaling)을 해서 치태와 치석을 제거하면 좋다. 그리고 평소에 이를 잘 닦고 자주 입안을 청결한 물로 씻어주며 관리하는 습관을 들인다면 상당한 경제적 이득을 얻게 되면서 건강과 행복 지수까지 상승하는 기쁨을 맛볼 수 있을 것이다.

23 Chapter

설탕(자당)

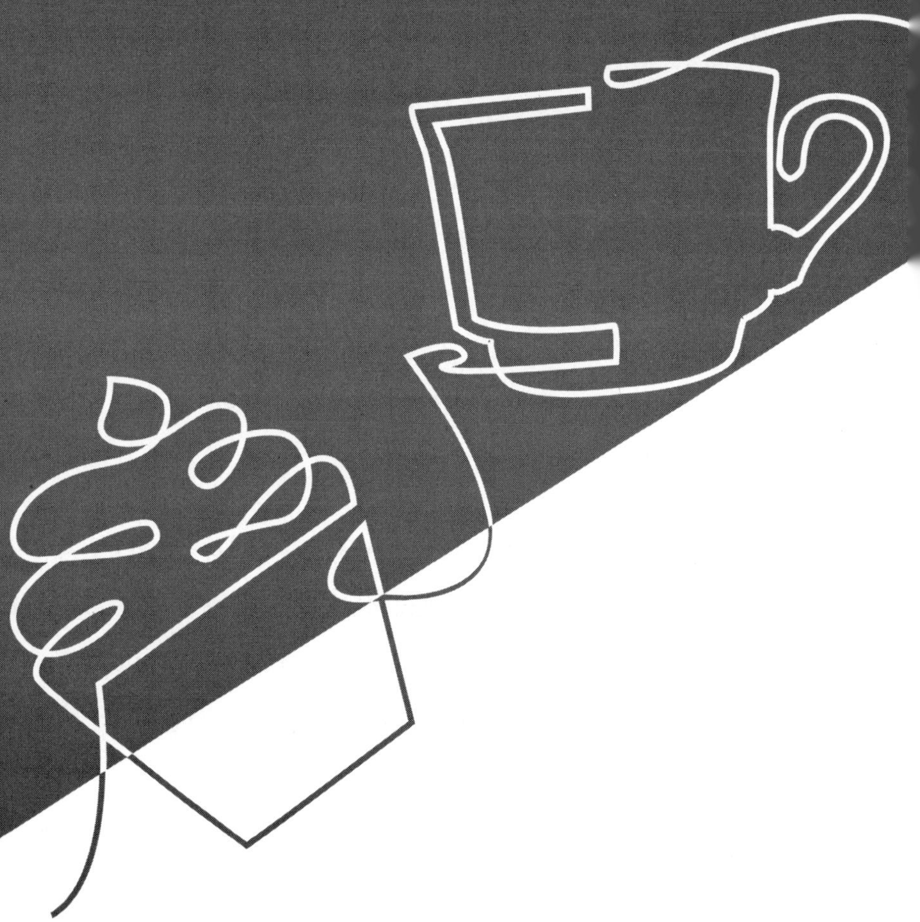

1. 천연 감미료인 슈크로스

슈크로스(sucrose)는 관용명이고 설탕은 제품명이다. 설탕의 분자식은 $C_{12}H_{22}O_{11}$이며 단당류인 포도당(β-D-glucopyranose)과 과당(α-D-fructofuranose)이 1→2 글라이코사이드 결합을 하여 생성한 이당류이다. 천연 감미료인 슈크로스(설탕)의 구조식은 다음과 같다.

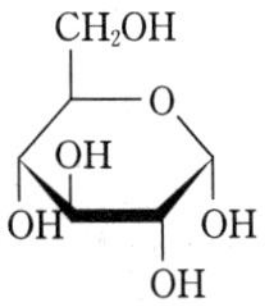

포도당

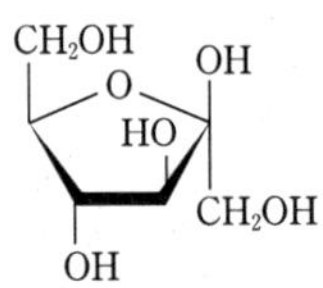

과당

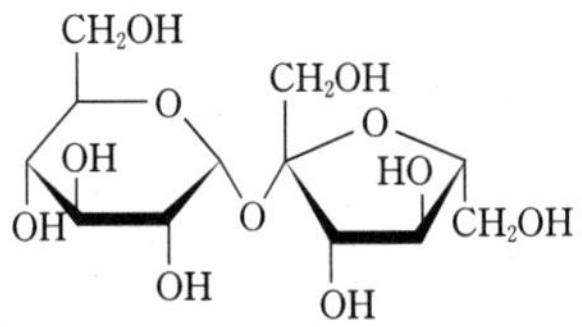

설탕(sucrose)의 구조식

슈크로스 분자의 화학적 구조는 원자의 배열과 각 해당 원자들 간의 화학 결합으로 결정되며 22개의 수소 원자, 12개의 탄소 원자 그리고 11개의 산소 원자로 구성되어 총 45개의 원자로 이루어진다.

슈크로스 분자에는 총 46개의 화학 결합이 있으며, 이는 24개의 비(非)수소 결합, 5개의 단일 결합, 1개의 5원자고리, 1개의 6원자고리, 8개의 수산화기, 3개의 1차 알코올, 5개의 2차 알코올, 3개의 에터(지방족) 그리고 1개의 옥솔레인으로 구성되어 있다.

2. 역사 깊은 천연 감미료

탄소(C), 수소(H) 및 산소(O)로 구성된 유기 화합물로 단맛을 지니며 물에 잘 용해되는 천연 탄수화물인 설탕은 자당(cane sugar)을 주성분으로 하는 천연 감미료이며 그 역사는 아주 오래됐다. BC 327년 알렉산드로스 대왕의 인도 원정 시 사령관이었던 네아르코스 장군이 인도에서 발견했다고 하는데 원주민들은 그 이전부터 사용했을 것이다. 그리고 중국 한나라 때의 양부(楊孚)가 지은 책인 《이물지(異物志)》에도 베트남을 포함한 동남아시아 다수 지역에 수수 설탕(사탕수수로 만든 설탕)이 있다고 언급하고 있다.

슈크로스는 인도에서 처음으로 생산됐을 것으로 알려져 있으며 그 원료가 되는 사탕수수는 BC 2000년 무렵 인도에서 이미 재배되고 있었고 동남아시아 일부와 중국과 타이 그리고 인도네시아와 중앙아시아를 거쳐

서 유럽에 전해졌다. 1492년 콜럼버스의 아메리카 대륙 발견 이후 북아메리카와 남아메리카 등 신대륙에 진출하게 되면서 쿠바와 푸에르토리코 그리고 멕시코와 브라질 등의 중남미 여러 나라에서도 사탕수수 재배가 이루어졌다. 16세기 무렵 급기야는 이들 나라가 세계 굴지의 슈크로스 생산국으로까지 발전하게 되었다.

3. 슈가의 어원과 역사

슈가(sugar)라는 말은 인도의 산스크리트 사르카라(sarkara) 또는 사카라(sakkara)에서 유래했다. 우리나라에서는 삼국시대 이전부터 귀족 중 일부가 사용했고 통일 신라 시대를 거치면서 일부 서민들에게도 전달된 달콤한 설탕이 있었던 것으로 짐작한다. 하지만 문헌상의 최초 기록은 고려 후기의 문신인 이인로의 《파안집》에서 찾아볼 수 있다.

19세기 초에는 우리나라에서 사탕무가 제당(製糖)의 원료로 사용되었고 제당 회사를 설립할 정도로 본격화되었지만 경제성이 낮아서 생산이 거의 중단되었다가 1950년대 중반 이후 다시 대중 식품으로 보급되기 시작하여 이후 식품산업의 발달에 크게 기여하였다.

4. 일상생활에 주로 사용되는 분밀당

보습 효과와 단맛이 뛰어난 슈크로스를 그 원료에 따라 분류하면 수수 설탕과 무 설탕 그리고 단풍 설탕 등으로 나눌 수 있다. 수수 설탕

(cane sugar)은 사탕수수에서 추출한 것이고 무 설탕(beet sugar)은 사탕무에서 추출한 것이다. 그리고 사탕 단풍(sugar maple)의 수액으로 만든 것이 단풍 설탕(maple sugar)이다.

설탕을 만드는 방법에 따라 분류하면 함밀당과 분밀당이 있다. 함밀당은 당밀을 함유하는 설탕(含密糖, molasses-containing sugar)이고 분밀당은 설탕 결정과 모액(당밀)의 혼합물에서 원심분리법 및 가압법을 이용하여 잔사액(모액)인 당밀을 분리·제거한 설탕(分蜜糖, molasses-free sugar)을 총칭한다.

분밀당(分蜜糖)은 당밀이 분리정제된 것이므로 거의 흰색이다. 분밀당에는 원료당과 정제당이 있다. 원산지에서 사탕수수를 짠 즙(汁)에서 수분과 불순물을 제거해 결정화시킨 후 당밀을 원심분리기로 제거한 것이 원료당이다. 그리고 이것을 가공 과정을 통해 정제하여 만든 것이 정제당이다. 또한 원산지에서 경작하여 재배한 사탕수수·사탕무에서 직접 공장을 통해 백설탕을 만들기도 하는데 이렇게 만들어진 백설탕을 경지 백당(plantation white sugar)이라고 한다.

5. 슈크로스의 효소적 합성 & 화학적 합성

일반적으로 슈크로스는 효소적 합성과 화학적 합성으로 만들어진다. 화학적 합성은 보호와 탈(脫)보호 등 보호기 화학적 방법의 도움이 필요한 다소 어려운 방법이기 때문에 여기서는 비교적 간단한 효소적 합성법을 소개한다.

5-1. 슈크로스의 효소적 합성

이당류인 슈크로스는 세포액에서 합성된다. 식물들은 엽록체막(膜)을 통하여 육탄당 인삼염(hexose phosphate)을 운반하는 능력은 없지만, 삼탄당 인삼염(triose phosphate)들은 엽록체로부터 세포질로 운반할 수 있다. 글리세랄데하이드-3인산 같은 삼탄당 인삼염 중간 물질들은 풍부한 인산기 자리옮김 물질(phosphate translocator)의 작용을 통해서 인산기(燐酸基)를 교환하여 세포질로 들어간다.

삼탄당 인삼염에서 형성된 과당-6인산염(fructose 6-phosphate)이 UDP-glucose(uridine diphosphate-glucose)의 글루코스 단위에 결합하여 슈크로스-6인산염을 형성한다. 여기서 sucrose phosphate phosphatase라는 효소에 의해 인산 에스터가 가수분해되면 슈크로스가 생성되는데

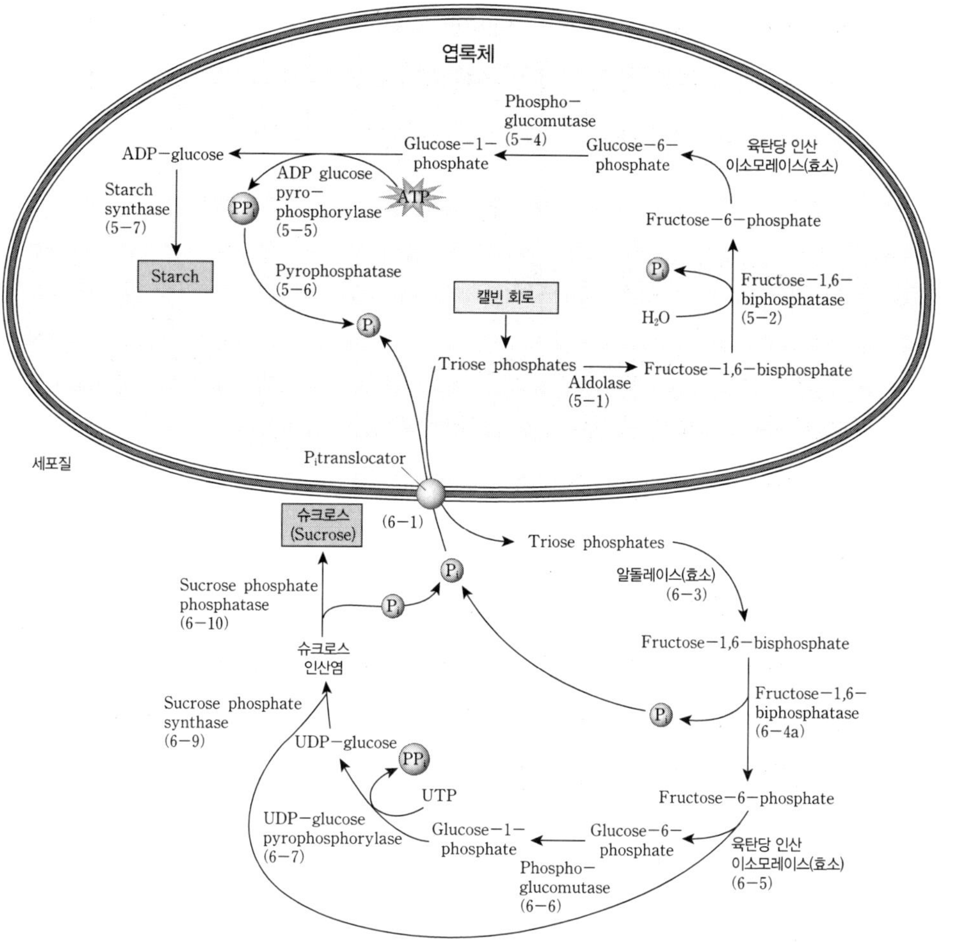

엽록체(chloroplast)와 세포질(cytosol)의 중요한 반응들(sucrose의 합성)

이것은 쉽게 운반될 수 있고 동원될 수 있는 이당류이기 때문에 사탕무나 사탕수수 등의 식물 세포에 많이 저장된다.

식물에서 설탕과 녹말의 합성은 서로 경쟁적으로 일어나는 반응인데 세포질(cytosol) 내에 인산의 농도(Pi)가 엽록체보다 높으면서 triose phosephate[dihydroxyacetone phosphate(DHAP) 또는 glyceraldehyde 3-phosphate(GAP)]의 농도가 엽록체(chloroplast)보다 낮으면 설탕의 합성이 유도되고 그 반대의 경우에는 녹말의 합성이 촉진된다.

6. 백설탕, 갈색 설탕, 흑설탕

슈크로스는 세 가지 유형으로 나누어 정의하고 있으며 사탕수수 또는 사탕무에서 추출한 즙에서 얻어진 당액, 원당을 정제한 결정, 그리고 결정성 분말(백설탕, 갈색 설탕, 흑설탕)로 나뉜다.

6-1. 백설탕

백설탕은 당액 또는 원당(100%)을 정제 가공한 무색 혹은 백색의 결정이거나 결정성 분말이며 설탕 제조 과정에서 가장 먼저 만들어지는 작은 입자의 순도 높은 흰색의 설탕이다.

설탕은 대부분 사탕수수나 사탕무를 원료로 만들며 가공하기 전의 원당(原糖)은 노르스름한 색을 보인다. 정제되지 않은 설탕인 조당을 바로 결정화하지 않고 당즙의 정제를 잘 행하고 공정에서 당도 99도 이상의 백당을 얻기 위해 이 원당을 합리적으로 정제한다. 그리고 건조해서 결정을 만드는 과정에서 활성탄(活性炭)의 물리적인 특성을 이용하여 불순물과 함께 색소도 제거하여 흰색인 백설탕을 만든다. 이렇게 해서 처음 생산되는 것이 슈크로스(sucrose)만 남는 순수한(99% 이상) 백설탕이다.

백설탕은 소비자들의 사용처에 따라 가루 또는 액체의 형태로 공급되는데 분말 형태는 결정의 크기가 적당히 알맞아서 가정과 식당 부엌에서 만들어지는 모든 요리에 이용하기가 좋다. 잘 녹지만 쉽게 덩어리지지 않는 특성이 있으면서 광택을 내기 때문에 달콤한 사탕이나 젤리 그리고 과자 등을 만드는 데 사용된다. 깔끔하지만 오래 느껴지는 뒷맛 때문에 가공식품 및 과일 음료나 청량음료 제조 등에도 사용된다.

6-2. 갈색 설탕

백설탕을 정제하는 과정에서 열을 더 가하면 갈색을 띠는데 당액 또는 원당(100%)을 정제 가공한 황갈색의 갈색 설탕이다.

최근에는 원산지의 경작지와 가공 공장에서 생산비용을 절감하기 위하여 당밀의 비율을 조절하고 백설탕에 당밀을 첨가하여 갈색으로 만들기도 한다. 갈색 설탕은 백설탕보다 맛과 특유의 풍미가 있으며 제조과정에서 가해진 열로 인해 원당의 향이 살아나기 때문에 과자나 빵 그리고 케이크를 만들 때 많이 사용된다. 그리고 강한 단맛 또는 감칠맛을 내거나 원료당의 향을 내는 용도로도 보편화 돼서 사용하고 있다. 근래에는 유기농법으로 재배한 사탕수수에서 화학적 정제 과정을 거치지 않고 얻어낸 섬유소와 미네랄 그리고 비타민이 파괴되지 않은 유기농 설탕도 등장하고 있다. 사탕수수의 즙을 추출해 단순히 수분만을 증발시켜 설탕 결정을 얻어낸 것인데 최소한의 물리적 공정만을 거치기에 설탕은 누르스름한 색이고 그래서 갈색 설탕을 유기농 설탕에 포함하기도 한다.

6-3. 흑설탕

흑설탕은 당액 또는 원당(100%)을 정제 가공한 흑갈색의 설탕, 즉 사탕수수로부터 제조되는 함밀당(complete sugar)의 하나이다. 경작지의 가공 공장에서 사탕수수의 즙액을 졸인 후 원심분리기로 당밀을 제거하지 않았기 때문에 분밀당(centrifugal sugar)보다 다양한 영양소가 들어있고 불순물도 있어 품질은 떨어지지만 산지에 따라 독특한 풍미를 가지고 있다.

흑설탕을 만드는 방법은 비교적 원시적인데 사탕수수의 줄기에서 짜낸 즙액에 석회 등의 청징제(淸澄劑)를 가한 다음 바싹 졸인다. 그런 후 휘저으면서 냉각시키면 설탕이 당밀과 함께 흑갈색의 덩어리가 되어 나

온다. 수득률은 원료 사탕수수의 약 15%이다. 오염된 부유 입자를 제거하는 청징제(clarifying agent)란 현탁 혹은 유탁액의 부유물 또는 콜로이드 입자 등을 응집·침강시켜서 깨끗한 액체를 얻도록 만드는 화학 약품을 말한다. 과거에는 석회나 태운 명반 그리고 규조토 등이 사용되었지만 최근에는 폴리아크릴아마이드계나 폴리아민계 등의 고분자 응집제(polymer coagulant)가 많이 사용되고 있다.

흑설탕(unrefined sugar, black sugar)의 수득률은 원료 사탕수수의 약 15%이며 구성 성분은 설탕 약 80%, 설탕의 가수분해로 얻어지는 포도당과 과당인 전화당이 약 6%, 석회질 성분 약 2%, 수분 4%이지만 그 원산지 혹은 경작지에 따라 조금씩 다르다. 식품이나 과자류인 약식과 양갱 그리고 과자와 빵 등에 독특한 풍미를 내기 위하여 사용하는 경우도 많다.

우리나라의 한국산업규격(KS)에서는 1)정백당 2)갈색당 3)흑설탕의 세 가지 종류로 나누고 있다. 정백당은 가는 정백 설탕, 굵은 정백 설탕, 연질 설탕, 정백 각설탕 등 4종, 갈색당은 담갈색 설탕, 갈색 설탕, 갈색 각설탕 등 3종 그리고 흑설탕으로 분류하며 규격은 당의 겉모양과 수분의 양(%), 당도, 석회질 성분, 색도, 입도 등으로 규정하고 있다.

7. 생활 속의 역할

슈크로스 과다섭취로 인하여 충치 발생률이 증가하고 체중 또한 증가하면서 고혈압·당뇨병 등 성인병의 원인으로 꼽히고 있다. 하지만 소화 및 흡수가 잘 되다 보니 예로부터 피로 해소에 효과가 커서 식품으로 애용하였다. 설탕의 물리적 성질을 이용하여 과일 젤리 및 잼 등의 제조 시에는 수분을 흡수하는 탈수제로 사용되며 수분을 제거하기에 과일즙을 굳게 하는 역할을 한다. 또한 식품에 첨가되어 수분을 흡수하여 미생물의 성장 및 번식을 억제함으로써 식품의 보존 기간을 연장시킨다. 예로 멸치볶음 같은 경우에는 설탕을 듬뿍 넣어 조리해 오래 보관할 수 있었으며, 1960~70년도 우리나라 중고등학생의 점심 도시락에 자주 애용되었다.

8. 물리적 특성

슈크로스의 물리적 특성을 살펴보면 백색의 단사정계 결정으로 녹는점이 189~191℃이며 그 이상의 온도에서는 서서히 갈색으로 변하여 비결정질의 형태가 없는 캐러멜 같은 고체 용액이 생긴다. 물에 대한 용해성이 높고 수분 활성은 낮다. 포도당과 과당의 환원기(基)끼리 글라이코사이드 결합(glycosidic bond)을 하고 있어서 환원성이 없으며 선광성 물질이 비선광도를 변화시키는 현상인 변선광(mutarotation)을 나타내지 않는다. 알칼리에는 분해되지 않고 비교적 안정적이지만 산으로 가수분해가 되어 포도당과 과당으로 분해되기 쉽다.

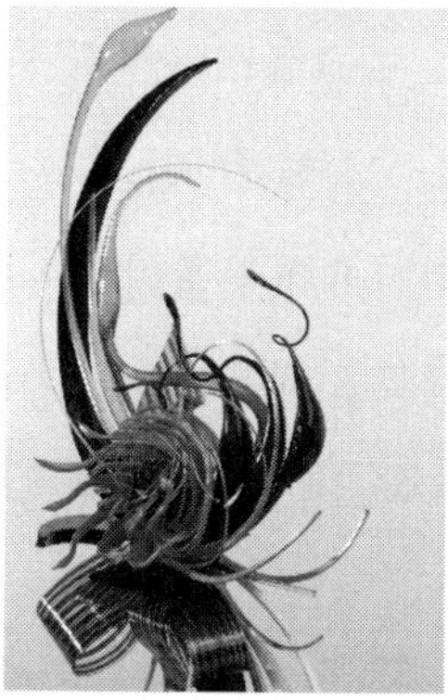

설탕 공예 작품

대체로 바탕이 단단하며 일정한 모양을 지닌 형태로는 저장 안정성이 좋지만 상대 습도가 약 70% 정도에서 수분을 흡수했다가 건조되길 반복하다가 엉겨서 굳어지는데 이런 현상은 결정의 크기가 작을수록 매우 심해진다. 가수분해 외 다른 화학적 변화에 강하기 때문에 습기가 전혀 없는 밀폐된 통 등에 보관하여 30년 정도 방치된 슈크로스라면 그대로 먹어도 된다. 한편 설탕은 물리적 특성인 향을 유지하는 보향성과 흡착 능력이 좋아서 세제 등 지독히 강한 냄새를 내는 물질과 함께 놓아두면 그 냄새도 완화해준다. 그 외에도 잼과 젤리 등의 펙틴 형성 능력, 보디 형성 능력, 조형 형성 등 뛰어난 물성을 가지고 있어 설탕(슈크로스)의 특성을 기준으로 배합되고 있다.

9. 비만과 중독성

슈크로스는 열량을 내는 당류(탄수화물)인 관계로 많이 먹으면 비만이 된다는 단점이 있으며, 슈크로스의 중독성에 관한 연구는 학계에서 계속 진행 중이다. 슈크로스를 섭취하면 일시적으로 사람의 기분이 좋아지는데 과다 복용 시 비타민 B가 부족해지는 등의 부작용이 올 수도 있다. 그런 이유로 많은 대체품이 개발되고 있으며 대표적인 것으로는 다이어트 콜라 등에 사용되는 아스파탐, 사카린, 당알코올 등이 있다.

문제는 지속적으로 설탕(자당)을 섭취하는 사람들이다. 이런 사람들은 정상인보다 인슐린이 높은 상태를 유지하며 그로 인해 과당류를 섭취하더라도 일시적 흥분 상태인 '슈가 하이'를 경험하지 못한다. 높은 인슐린 농도로 인하여 포도당이 바로 글라이코젠으로 전환되기 때문에 결과

적으로 설탕을 섭취했음에도 활력이 생기지 않는다.

오히려 높은 인슐린 농도로 인하여 정상인보다 높은 렙틴(식욕 억제 호르몬) 저항성을 유지하게 된다. 이로 인해 항상 식욕이 과잉상태가 되며 남들보다 많이 그리고 자주 먹을 것을 찾게 된다. 결과적으로 높은 인슐린, 높은 렙틴 저항성, 과다한 식사량이 복합적으로 작용하여 비만의 수준이 결정된다.

9-1. 과다섭취

설탕은 과다섭취 시 심혈관계 질환을 일으키고 소화기관의 균형을 무너뜨리는 부작용이 있으므로 비단 충치와 비만 등의 염려가 되는 경우가 아니더라도 적당히 조절해서 먹어야 한다.

방송에 나오는 푸드파이터를 보면서 음식을 많이 먹어도 살이 찌지 않다니 정말 부럽다고 하는 사람들이 있겠지만 이런 경우는 일시에 많은 양의 음식을 밀어 넣다 보니 소화계 장기의 능력과 용량을 넘어서므로 몸에 흡수가 안 되고 배출되는 것뿐이다. 설탕뿐 아니라 엄청난 양의 단백질 등의 음식을 일시에 받아내느라 간과 신장은 보이지 않게 엄청난 무리를 하는 셈이므로 절대로 따라 하지 말아야 한다.

9-2. 물에 잘 녹는 슈크로스

슈크로스는 전기 쌍극자 모멘트가 매우 강해 물에 잘 녹는다. 각종 제과나 아이스크림 같은 식품에는 우리가 상상하는 용량 이상의 설탕이 녹아 있는 경우가 많다. 차가운 상황에서 인간의 혀는 맛을 느끼는 '미세포'가 마비되어 단맛을 비롯하여 어떤 맛이든 잘 느끼지 못한다. 즉, 차가운 아이스크림에서 그토록 단맛이 난다면 엄청난 양의 설탕이 들어갔을 것이라고 보면 된다.

그럴 리가 없다고 생각한다면 아이스크림을 상온에서 녹인 후 액체 상태에서 맛을 보면 알게 될 것이다. 지금 당장 냉장고에서 빙과류라도 꺼내어 녹여서 실험을 해보면 그 당도가 아주 높다는 것을 직접 확인할 수 있다.

그래서 당뇨병 환자들은 인슐린 주사를 맞으면서도 아이스크림과 콜라를 금기시한다. 설탕이 과다하게 들어간 간식까지 챙겨 먹는다면 아무리 한 끼 식사의 혈당량을 모두 책임지는 인슐린 주사를 맞는다고 하더라도 고혈당을 유발하게 되기 때문이다.

설탕은 소금의 짠맛과 식초의 신맛, 고추의 매운맛 등을 덜 느끼게 만들어주므로 조리를 할 때도 많이 사용한다. 그래서 토마토 케첩 등의 소스에도 우리가 상상하는 이상으로 설탕이 많이 함유되어 있다.

10. 살균제 및 보습제 역할

고대 이집트에서 꿀과 슈크로스를 이용하여 상처 소독에 효과를 본 뒤로부터 오랫동안 설탕을 살균제로 사용했다. 설탕의 살균 원리는 삼투압인데 대부분 수분으로 이루어진 세균의 주변을 슈크로스가 감싸며 이에 의해 삼투압 현상이 일어나 세균의 수분이 슈크로스로 이동한다. 결국 세균을 말려 죽이는 결과가 된다.

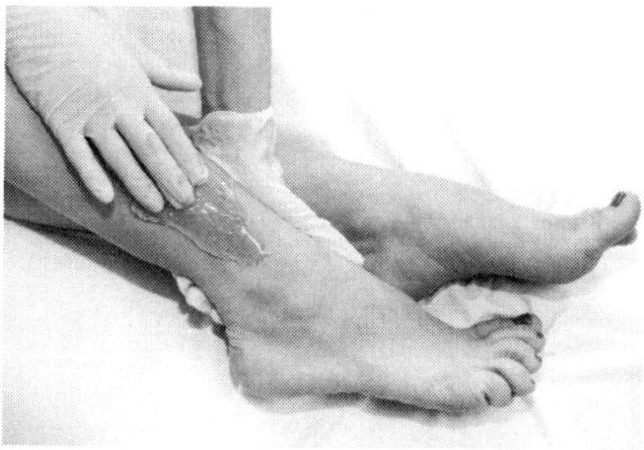

그리고 슈크로스는 화장품에서도 사용하고 있는데 그 자체가 보습제의 역할을 하는 것은 물론이고 달콤한 이미지를 주기 때문에 화장품 마케팅에도 효과적이다. 또 설탕의 미세한 알갱이가 각질을 제거해 주는 역할을 한다. 슈크로스가 물에 잘 녹기 때문에 몇 번 문지르면 그 모서리가 녹아 둥글둥글해지면서 살구 씨앗 또는 아몬드 껍질의 분말처럼 거칠지도 않고 분해가 잘되는 물질로 친환경적인 재료가 된다.

24 Chapter

인슐린은 우리 몸의 당도 스위치

1. 인체 내에서 분비되는 호르몬의 일종

인슐린은 췌장(이자)의 랑게르한스섬에 있는 β 세포에서 분비되는 호르몬이며 생체 내에서 혈당 강하 기능을 하는 유일한 호르몬이다. 1923년 최연소 노벨 생리의학상을 받은 캐나다 생화학자인 프레더릭 밴팅(Frederick Banting)이 발견하였다.

인슐린은 혈중에 분포하는 포도당을 글라이코젠으로 바꾸어 세포에

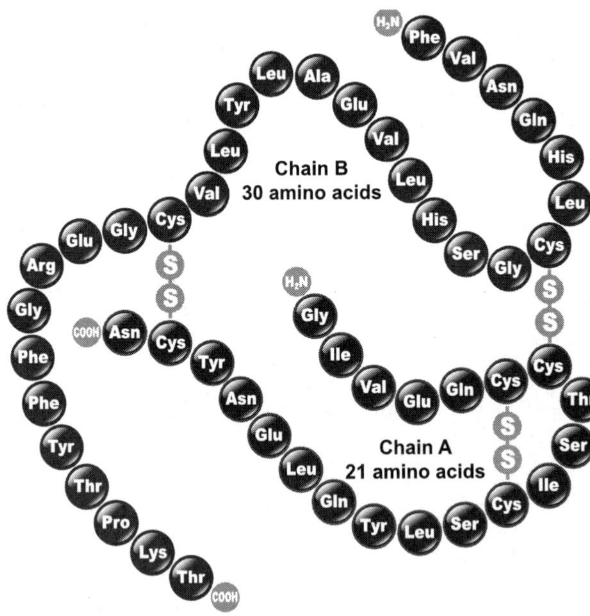

저장함으로써 혈당량을 낮추는 역할로 유명한 호르몬이다. 만약 부족하거나 수용체에 문제가 생기면 혈당량 조절에 문제가 생기게 되어 당뇨병에 걸리게 된다. 이와 반대로 과다하게 분비되면 과체중 또는 저혈당증이 유발된다.

2. 혈당을 올리는 호르몬

혈당을 올려주는 호르몬은 인체 내에서 여러 종류인 것과 달리 혈당을 낮추어 주는 호르몬은 인슐린이 유일하다. 즉 혈당의 항상성을 유지할 수 있는 수단이 단 하나밖에 없다는 것이다. 그럴 수밖에 없는 것이 고혈당으로 인한 당뇨병은 신체가 서서히 망가지도록 하지만 저혈당으로 인한 쇼크는 순식간에 생명을 위협할 수 있다는 사실에 비추어 보면 새삼 인체의 신비를 느끼게 된다.

저혈당이 발생하면 인체는 비상상황에 돌입하여 모든 수단을 강구해

• 인슐린이란 무엇인가?

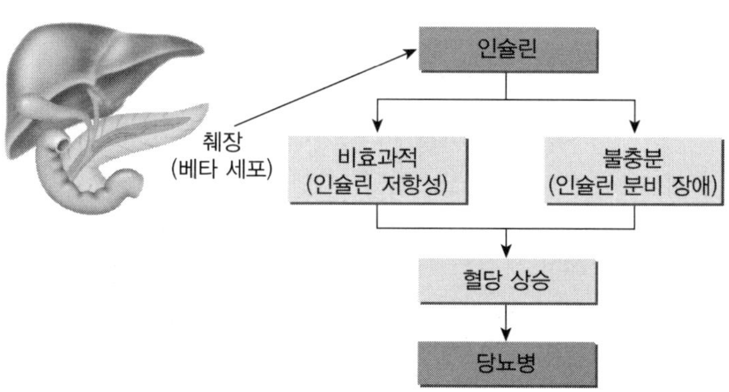

서 혈당치를 올리려고 한다. 전력난으로 인한 블랙아웃 상황과 비슷하다고 보면 될 것이고 이러한 인체의 특성은 인류가 빙하기에 적응하는 과정과도 연관성이 깊다.

혈당 상승에 관여하는 호르몬은 췌장의 α 세포에서 분비되는 글루카곤, 부신수질과 교감신경 말단에서 분비되는 에피네프린과 노르에피네프린, 간과 근육에서 분비되는 글루코코르티코이드, 성장 호르몬과 갑상선 호르몬 등이 있다.

3. 사람의 인슐린

이자에서 분비되어 물질대사에 중요한 역할을 하는 단백질성 호르몬인 사람의 인슐린은 21개의 아미노산으로 하나의 이황화 결합(disulfide 결합, S–S 결합)을 가진 A 폴리펩타이드 사슬과 30개의 아미노산으로 두 개의 이황화 결합(disulfide 결합, S–S 결합)으로 연결된 구조를 가진 폴리펩타이드 B 사슬이 같이 결합한 폴리펩타이드 호르몬이고 분자량은 약 5,794이다.

영국의 생화학자 프레더릭 생어(Frederick Sanger)는 1955년에 소 인슐린의 아미노산 배열 순서를 규명하여 이 공로로 1958년에 노벨화학상을 받았다. 이후 인슐린 분자 51개 아미노산의 정확한 분자 형태를 규명함으로써 인슐린을 합성할 수 있는 기반을 최초로 마련했다. 1980년에는 유전자의 기본 구조와 기능을 연구한 공로, 즉 DNA와 RNA 분자의 뉴클레오타이드 서열을 결정하는 방법을 개발함으로써 두 번째 노벨화학상을 받았다.

탄수화물(carbohydrate)을 조절하는 호르몬 단백질인 인슐린은 많은 조직과 기관에 직간접적으로 작용하고 다른 호르몬과도 밀접한 관계를 유지하면서 대사 조절에 중요한 역할을 한다. 그중에서도 특히 간장과 근육과 지방 조직은 중요 표적(標的) 기관으로 당의 흡수와 소비 촉진 그리고 단백질의 합성과 지방 합성을 촉진하는 등의 여러 가지 대사 활동을 한다.

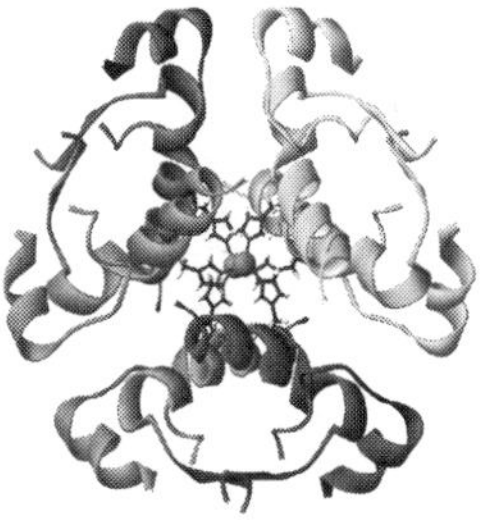

가운데에 있는 공이 아연 이온. 6개의 히스티딘 말단이 꼭 붙잡고 있다.

4. 인슐린의 결핍

인슐린의 결핍이 초래하는 생화학 기전은 다소 어렵지만, 간단하게 이야기해 보고자 한다. 인슐린이 결핍되면 많은 조직에서 포도당의 섭취가 저하되고 간에서 포도당 방출량이 증가하여 고혈당 상태인 당뇨병을 일으킨다. 그 결과 세포 안은 포도당 결핍 상태가 되어 단백질과 지방에만 의존하여 에너지를 공급받게 된다. 이후 단백질의 포도당 신생과정(gluconeogenesis)이 촉진되어 지방질이 정상보다 높은 증세인 고지혈증을 일으킨다. 그러면서 혈관 벽의 과형성과 경화인 혈관계 병변으로 인한 여러 가지 합병증을 초래한다.

포도당 신생과정(gluconeogenesis)은 포도당이 아닌 물질로부터 체내에서 포도당을 합성하는 과정을 의미한다. 포도당은 우리 몸에서 제1의 열량 영양소로 사용되며 혈액 속에 언제나 일정량이 존재해야 하는 중요한 대사물질이다. 그래서 정확한 일정량을 조절하기 위하여 섭취량이 부족할 경우 우리 몸의 간 또는 신장에서 포도당 신생과정을 이용해 포도당을 생성하는 것이다. 단백질의 대사 산물 중 일부 아미노산 및 지방의 대사 산물인 무색의 맑은 끈기 있는 액으로 냄새는 없고 맛이 단 글라이세롤(glycerol, glycerin)로도 포도당을 합성하지만 지방산으로는 포도당을 합성할 수 없다.

당(糖) 신생과정의 첫 대사물질은 피루브산 또는 젖산인데 이 물질이 간 또는 신장의 세포의 소기관에서 옥살산〉포스페놀피부르브산〉2-포스포글라이세르산〉3-포스포글라이세르산〉1,2-포스포글라이세르산〉글라이세르알데하이드 3-인산염〉과당 1,6-인산염〉과당 6-인산염을 거쳐서 포도당의 체내 활성형인 포도당 6-인산염으로 된다. 이런 일련의 진행이 포도당 신생과정이다.

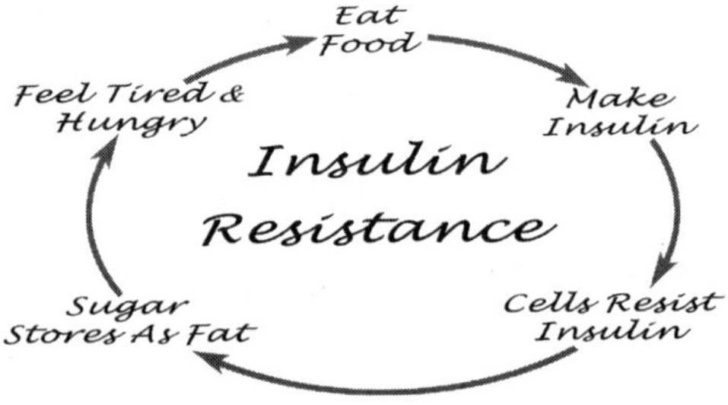

당뇨병 치료제로 쓰이는 인슐린 제제는 효과의 지속시간에 따라 초속효형, 속효형, 중간형, 지속형, 혼합형 인슐린 등으로 나눌 수 있다. 주사 부위에 따른 인슐린의 흡수 상태를 비교해 보면 복부에 주사할 때 흡수율이 가장 높고 상완부와 대퇴부 그리고 둔부의 순으로 흡수율이 낮아진다.

5. 에너지로 활용

우리가 매일 섭취하는 음식은 효소에 의해 '포도당'으로 바뀌고, 이 포도당이 우리 몸의 에너지로 사용된다. 포도당이 인체가 필요로 하는 에너지보다 많이 생산된 경우에는 지방의 형태로 바뀌어 우리 몸에 저장되기 때문에 밥을 많이 먹으면 살이 찌게 되는 것이다. 그렇다고 한 번 밥을 많이 먹는다고 해서 살이 곧바로 찌지는 않는다.

식사 후 혈중 당의 수치가 일시적으로 증가하게 될 때 인슐린이 작동

호르몬적 비만

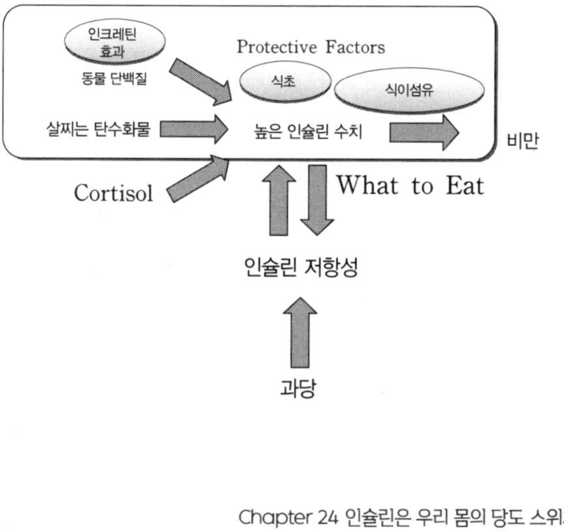

하여 당도를 낮추는 역할을 한다. 인슐린은 두 가지 방법으로 혈중 당도를 낮추는데 포도당을 소비하거나 저장하는 방식이다. 우리 몸에서 유일하게 당도를 낮추는 역할을 할 수 있는 인슐린은 적은 양으로도 몸 전체에 영향을 끼치는 만큼 관리를 잘해야 한다.

6. 인슐린 관리

인슐린의 관리는 매우 중요하므로 인슐린을 낭비하지 않고 아껴서 사용하도록 해야 한다. 인슐린을 낭비하는 경우로는 바로 '폭식'을 들 수 있다. 췌장 세포의 1~3% 정도에서 인슐린의 생산을 담당하고 있는데 만약 폭식을 하는 경우 20~30배의 폭발적인 인슐린 증가가 발생하게 된다. 다른 역할을 맡고 있던 췌장의 세포들이 인슐린 생산에 주력하게 되면서 전체적으로 췌장의 기능이 저하되게 된다.

인슐린이 과다하게 분비되면 혈당 수치가 떨어지므로 달콤한 음식을

캐나다의 100달러 지폐에 새겨진 인슐린의 발견 삽화

갈망하고 섭취하게 되는 단계로 이어지는 악순환이 계속된다. 적정량의 인슐린을 유지하기 위해선 폭식을 금하고 적은 양을 천천히 먹어야 한다.

7. 혈중 당 수치

혈액 중에 당 수치를 안정적으로 유지하기 위해서는 과식이나 폭식을 지양하는 한편 '당' 지수가 높지 않은 음식을 먹는 것이 좋다.

음식의 당도는 혈당지수(GI 지수)와 혈당 부하지수(glycemic load, GL; GI 지수에 1회 먹을 때 함유된 당질(탄수화물)의 양을 고려)로 표현한다. 혈당지수(glycemic index, GI)란 포도당 또는 흰 빵을 기준(100)으로 어떤 식품이 혈당을 얼마나 빨리 그리고 많이 올리는가를 상대적으로 나타내는 수치다. 예를 들어 혈당지수가 85인 감자는 혈당지수가 40인 사과보다 혈당을 더 빨리, 더 많이 올린다. 혈당지수가 높은 식품은 혈당을 빠르게 상승시켜 인슐린을 과잉 분비하게 되고 인슐린이 과잉 분비되면 체지방 축적이 일어나서 비만이 촉진될 수 있다.

혈당지수가 높은 식품군은 혈액으로 포도당을 빠르게 보내어 혈당지수를 빠른 속도로 올렸다가 빠르게 떨어뜨려 배고픔을 빨리 느끼도록 한다. 이와 반대로 혈당지수가 낮은 음식물은 혈액으로 포도당을 천천히 보내어 오랫동안 포만감을 주게 된다. 아래 그림의 혈당지수(GI)의 비교에서도 알 수 있듯이 일반적으로 혈당지수 55 이하의 값을 갖는 식품은 저혈당지수 식품, 혈당지수 70 이상의 값을 갖는 식품은 고혈당지수 식품으로 분류한다.

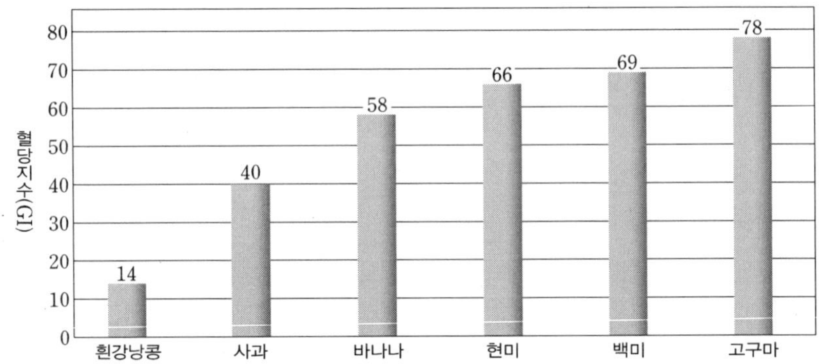

혈당지수(GI)의 비교

혈당 부하지수(glycemic load, GL)란 혈당지수(glycemic index, GI)의 결점을 보완하여 평소에 해당 식품을 얼마나 많이 먹는지를 반영한 값이다.

혈당 부하(GL) = 식품의 1회 분량에 함유된 당질 함량(g) × 혈당지수(GI) / 100

혈당지수(GI)가 동량의 당질을 섭취한 후 혈당 반응을 비교한 값이라면 혈당 부하지수(GL)는 1회 분량 식품을 기준으로 혈당 반응을 비교한 값이다. 식품마다 1회 분량에 함유된 당질의 함량이 다르므로 실생활에 적용할 때는 혈당지수가 아닌 혈당 부하지수를 비교해야 한다. GI 지수는 음식이 혈당을 올리는 속도를 수치화한 것이지만 GL 지수는 음식의 양까지 고려하여 실제 섭취하는 일정량의 음식이 혈당에 어느 정도 영향을 미치는지를 나타난 수치이다.

GL 지수가 낮을수록 몸의 혈당 변화가 적고 인슐린 분비도 적당하게 유지된다. 보통 혈당 부하지수가 20 이하이면 당뇨병 환자들에게 권장할 만한 음식으로 본다.

건강한 삶을 영위하기 위해서는 폭식을 줄이고 GL 지수가 낮은 음식을 주로 섭취해야 한다. 혈당지수 혹은 혈당 부하지수를 당뇨 또는 비만 조절에 이용하려는 시도들이 많으나 혈당지수가 갖는 여러 가지 제한점으로 인하여 실생활에 바로 적용하기에는 어려움이 있다.

8. 혈당지수와 혈당 부하

우리가 먹는 음식의 탄수화물을 섭취 소화 분해해서 얼마나 빨리 포도당으로 전환시켜 혈당을 높이는지 알아보는 지수인 혈당지수는 탄수화물의 소화 분해 흡수 정도 및 인슐린 반응과 아주 밀접한 연관성을 가지므로 여러 요소의 영향을 받는다. 장 운동과 소화 흡수, 전분의 종류와 조리방법, 분자 크기 또는 식품이나 식사에 포함된 지방과 단백질과 섬유

당분을 함유한 식품 피라미드

소 성분 등이 모두 혈당지수의 결정요인이 된다.

같은 음식을 먹는다고 하더라도 개인별로 혈당지수의 차이가 크며 조리방법과 형태, 숙성도와 전분의 노화 정도 등에 따라 혈당지수가 다르다. 또한 혈당지수가 측정되어 있는 식품이 그리 많지 않고 혈당지수의 범위가 넓지 않으며 대부분 중간값의 혈당지수를 갖는 편이다.

함께 섭취하는 식품의 종류와 형태 산정도 등에 따라 혈당지수가 달라지므로 혼합식을 할 때에도 적용이 어려운 점이 있다. 하지만 혈당지수나 혈당 부하의 수치가 낮을수록 건강에 좋은 식품이라는 점을 항상 염두에 두고 생활하여야 한다.

25 Chapter

알리탐

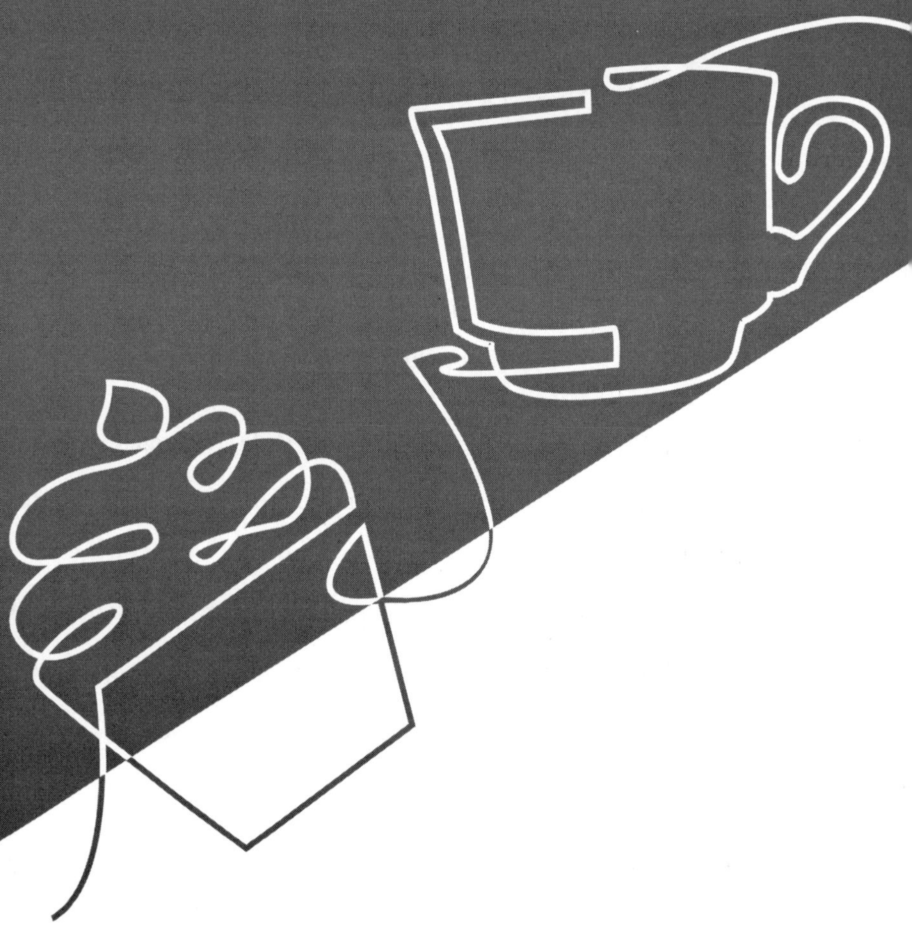

1. 다이펩타이드 감미료인 알리탐

알리탐은 미국의 화이자(Pfizer) 사가 개발한 저칼로리 감미료로서, 달콤하고 뒷맛이 없으며 뜨겁거나 산성인 조건에서도 단맛을 쉽게 잃지 않는다. 아미노산인 D-알라닌과 L-아스파르트산으로 구성하는 다이펩타이드 감미료로서 설탕의 2,000~2,400배의 감미가 있다. 알리탐의 분자식은 $C_{14}H_{25}N_3O_4S$이며 분자량은 331.4g/mol이다. 알리탐의 분자 구조식은 다음과 같다.

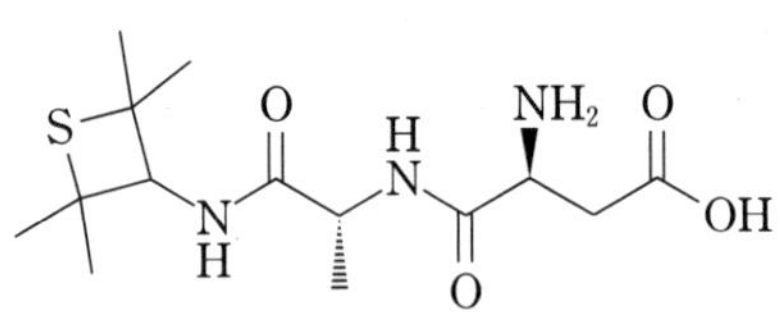

알리탐의 분자 구조식

알리탐의 IUPAC 명은 (3S)-3-amino-4-[[(1R)-1-methyl-2-oxo-2-[(2,2,4,4-tetramethyl-3-thietanyl)amino]ethyl]amino]-4-oxobutanoic acid이다.

알리탐은 위장(gastrointestinal tract)에서 흡수되며 그 이후 대사되어 배설된다. 알리탐의 IUPAC 명에서 볼 수 있듯이 두 중요한 성분인 aspartic acid와 alanine amide가 존재하며 aspartic acid 성분은 정상적으로 대사되나 alanine amide 성분은 미세한 대사적 변화로 신체에서 빠져나간다. 인체에서 D-alanine tetramethylthietane amide의 glucoronic 유도체는 중요한 물질대사의 결과로 생긴 노폐물인 오줌(뇨)의 대사물질이다.

2. 알리탐의 합성

알리탐의 합성은 여러 가지 합성 방법이 존재하나 많은 합성 단계를 거치고 보호(protection)와 탈보호(deprotection) 등 어려운 고급 화학과 관계되기에 그리 간단치 않다. 그렇지만 하나의 합성 과정을 언급하면 다음과 같다. 두 반응 중간체인 (S)-[2-5-dioxo-(4-thiazolidine)] acetic acid와 (R)-2-amino-N-(2,2,4-4-tetramethyl-3-thietanyl) propanamide의 반응을 포함한 많은 단계의 반응을 거쳐 합성할 수 있다. 마지막 생성물은 alitame/4-methylbenzenesulfonic acid 부가생성물의 재결정으로 분리 정제되고, 그 이후로도 여러 정제 단계가 이어지며 마지막으로 물에 의해 재결정해서 얻는다.

3. 제2세대 인공 감미료인 알리탐

감미료 산업은 대단히 크며 큰 이익을 창출하고 있다. 1970년대의 아스파탐 이후 과학자들은 새로운 감미료의 등장을 기대했다.

그래서 등장한 알리탐이 제2세대 인공 감미료의 하나이다. 이 알리탐의 감미도는 설탕의 2000배이며 아스파탐의 10배 이상이다. L-아스파르트산과 L-페닐알라닌(아스파탐 합성의 출발 물질) 대신에 L-아스파르트산과 L-알라닌(알리탐 합성의 출발 물질)을 반응시켜 얻은 알리탐은 L-아스파르트산과 결합한 물질이 페닐알라닌에서 벤젠 고리를 제거한 알라닌이다. 그런데 오히려 아스파탐보다 단맛이 크게 증가되었다.

4. Sweetness triangle

이러한 단맛의 증가 이유로 먼저 단일 아미노산의 단맛 순서를 제시할 수 있다. 글라이신, 알라닌 > 루신 > 발린 > 페닐알라닌 순서인데 이 순서에서 살펴보면 소수성이 증가할수록 단맛이 줄어드는 것을 알 수 있다. 그 결과 알라닌이 반응 물질로 사용되어 합성된 알리탐이 페닐알라닌을 사용한 아스파탐보다 더 좋은 단맛을 나타낼 것으로 예상할 수 있다. 더하여 알리탐 단맛의 강도는 단맛 수용체와의 Sweetness triangle이 아스파탐보다 더 강하게 결합해서 이루어진 결과라고도 보는 것이 더 확실한 증거일 것이다. 알리탐은 산이나 따뜻한 물에서의 안정성을 보면 아스파탐보다 안정하나 사카린이나 아세설팜 포타슘보다는 덜 안정하다.

5. 인공 감미료인 알리탐의 활용

설탕보다 감미로운 인공 감미료인 알리탐은 우리 먹거리에 많이 사용되고 있다. 알리탐뿐만 아니라 다양한 인공 감미료들이 우리 일상생활에서 사용하는 제품들에 상상 이상으로 들어가 있다.

비타민, 감기약, 치약, 껌, 음료, 술, 아이스크림, 빵, 가공육 등 우리가 고개를 절레절레 흔들면서 '거기에도 들어가 있어?'하며 기겁할 곳까지 널리 사용되고 있다.

6. 자연에서 추출된 천연 감미료 다섯 가지와 합성 인공 감미료 다섯 가지

여기서 나름대로 인체에 나쁜 영향을 주는 인공 감미료 다섯 가지와 인체에 도움을 주는 천연 감미료 다섯 가지를 그 이유와 함께 구분하였다. 이 주제를 바탕으로 우리 자신의 건강한 생활을 잘 지켜나가야 한다.

인체에 나쁜 다섯 가지 인공 감미료

– 아스파탐

아스파탐은 열에 약해서 주로 열이 가해지지 않는 음료나 음식들에 사용되며 설탕보다 180배나 달아 단맛에 중독되게 한다. 최근 한 연구에 의하면 쥐에게 사람이 먹는 양과 같은 양의 아스파탐을 먹인 결과 림프종과 백혈병을 일으킬 수 있어 인체에도 암 유발 가능성이 있다. 그리고 기억력이 손상될 위험이 있으며 특히 임산부라면 아기가 향후 대사증후군 장애, 고지혈증에 거릴 확률이 높아진다. 또한 비만인 사람에게는 뇌 손상이나 신경 손상을 유발할 수 있기에 이 성분을 피해야 한다고 언급한다. 널리 알려진 부작용으로는 두통, 편두통, 기분 급변과 기억력 감퇴, 언어장애, 뇌의 세로토닌 수치를 변화시켜 기분을 우울하게 만드는 것 등이 있다.

또한 분자 구조에서 페닐알라닌과 아스파르트산의 두 아미노산으로 형성된 아스파탐은 미량일 경우는 물론 관계없지만 계속 축적된다면 인체의 아미노산 대사의 균형을 교란할 수 있다. 분해 시 생성되는 메탄올과 같은 인체에 해로운 성분이 간, 신장, 뇌에 꽤 오랜 시간 잔류해 나쁜 영향을 미칠 수 있어서 주의할 필요가 있다.

– 수크랄로스

단맛을 가진 무열량 감미료로 살충제와 구충제를 개발하는 과정에서 발견된 물질인 수크랄로스는 염소(Cl_2, 염소는 살균제나 독가스 합성에 쓰이는 독성이 매우 강한 화학 물질) 처리한 슈크로스(설탕)에서 합성 개발되었다. 설탕보다 600배 더 달아 단맛의 정도가 매우 커 수크랄로스가 들어간 과자나 요리 그리고 음료를 먹으면 단맛에 크게 중독

될 위험이 있다.

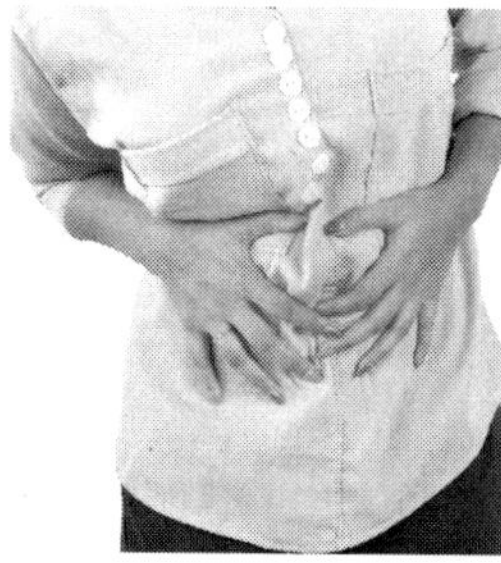

중요한 것은 수크랄로스는 대사 기능을 교란해 지방 축적 촉진, 식욕 증진, 체중 증가에 의한 비만을 촉진한다. 체내에 들어갔을 경우 몸에 흡수되지 않고 배출되며 몸에서 독소를 만들어 부작용을 일으켜 장내 유익균의 수를 줄여 설사 등 장 감염의 위험을 높인다. 그래서 약물 저항성을 높여주거나 항암 치료를 받는 환자들에게는 위험할 수도 있다. 특히 심장병과 암 치유제와 같은 특정 약이 인체에 흡수되는 것을 막으며 여드름, 구강 출혈, 우울감 등 여러 알레르기 반응을 일으킨다.

– 아세설팜 포타슘

인체에 해로운 용매인 메틸렌 클로라이드(CH_2Cl_2, 울렁거림, 기분조절 장애, 암, 간과 신장 기능에 문제, 시력 저하를 일으킬 수 있으며 심지어 자폐증과도 연관이 있음)를 함유한 포타슘염으로 구성되어 있다. 주로 무설탕 껌과 술, 사탕과 무설탕 그리고 요구르트 등에 들어간다. 아스파탐과 같은 다른 합성 인공 감미료들과 같이 들어있을 때가 많지만 다양한 사용처에 비해 정작 제대로 된 연구 결과가 없는 상태여서 앞으로 세밀한 분석 연구가 필요하다. 단맛으로도 유명하지만 감칠맛을 더해주는 조미료로도 인기가 많다.

열에 강한 편이라 가공 단계가 많은 식품, 빵 등에 들어가며 체내에서는 이를 제대로 분해하기가 어려워 본래의 신진대사를 방해하는 것으로 알려져 있다. 인체에 미치는 영향과 안전성의 측면에서는 연구 분석 결과가 미미하여 공인된 바는 없으나 유해할 가능성이 크다. 아세설팜 포타슘이 FDA(Food and Drug Administration)에 승인을 받지 못하게 되자, 제조 업자들은 승인을 위해 FDA 자체 표준검사 기준을 낮춰서 통과시켰으나 실제 아세설팜 포타슘 첨가물을 동물에게 섭취시킨 후 연구 분석한 결과 동물에게서 암 발생 원인으로 나타났다. 이는 곧 인간에게도 암 발생 위험을 증가시킬지도 모른다는 의미이다. 1987년 영양 및 건강, 식품안전, 알코올 정책 및 건강한 과학을 연구하고 지지하는 센터인 (미국)공익 과학센터는 FDA가 아세설팜 포타슘을 승인하지 않도록 재촉하였지만 무시된 채 승인되었다. 또한 쥐와 토끼 그리고 개의 체내의 물질대사를 촉진하는 갑상선에 영향을 주는 것으로 확인되었다. 특히 실험 대상인 쥐는 갑상선 종양을 일으켰으며 피부 염증인 종기들의 출현으로 악성 종기로 발전해 발암성 잠재력을 더욱 키워 심각한 문제가 될 수 있다는 것을 알아야 한다.

– 사카린

사카린은 설탕보다 더 달지만 쓴 뒷맛을 가지고 있는 합성 인공 감미료다. 음료수나 사탕, 비스킷과 약 그리고 치약의 단 성분 등 여러 방면에 사용되고 있다. 최근까지 사카린의 부작용은 발암 위험 즉 방광암을 유발할 위험이 있는 것으로 밝혀져 일시적으로 사용이 금지되었다. 하지만 최근 FDA는 새로운 실험분석을 통해 사카린이 안전하다는 평가로 사용을 승인했으며 우리나라도 많은 양을 사용하고 있다. 그러나 일부 연구 단체들은 아직도 사카린은 암을 유발할 위험이 있고 건강을 해칠 수 있다고 주장한다. 또한 사카린은 칼로리가 없고 장에 흡수되지 않으나 췌장, 즉 이자에서 인슐린을 생산하는 것 같은 내분비적 생화학 반응을 자극할 수 있다.

인슐린의 주된 효능은 혈액 속의 당 농도를 조절해 당을 다양한 신체 조직에 운반함으로써 에너지를 공급하는 것이다. 사카린 같은 인공 감미료를 섭취한 후 혈액에 당이 투입되지 않으면 인슐린은 자신이 할 일을 잃어버리는 것이며, 이로 인해 인체의 인슐린 감응성이 떨어짐으로써 당뇨병의 발병 위험이 높아질 수 있다. 인체에 해로운 유기 용매인 톨루엔으로부터 합성되는 설폰아마이드인 사카린은 이 출발 물질(반응물)로 인하여 매우 심각해질 수 있는 알레르기 반응을 유발할 수 있다. 그러나 지금도 사카린은 어린이용 약이나 영양제 그리고 감기약 시럽 등에 자주 사용되며 최근 계속 사용량이 증가하고 있다.

– 자일리톨

해발 500~2000 m 추위를 견디며 자라는 자작나무가 자일리톨의 주원료이며 당 알코올의 분자 구조를 가지는 천연 감미료다. OH기를 가진 당 알코올은 체내에서 바로 소화 흡수되지 않으며 많이 먹으면 가스가 차는 느낌이 들고 일부는 설사 등의 증상이 나타날 수 있다. 당 알코올에 예민한 사람들의 경우에는 외래성 물질과 접한 인체가 그 물질에 대하여 정상과는 다른 과민성 반응을 나타내는 알레르기 현상이 나타날 수 있다. 당 알코올의 부작용으로는 복부 팽창과 가스, 붓기와 설사 등과 같은 장 기능과 관련된 것들이 있다. 변비를 완화하는 효과가 있어서 실제로 처방전이 필요 없는 일반 의약품으로 변비 완화제에 사용되기도 한다.

자일리톨을 많이 섭취하면 설사나 심한 경우 위경련까지 일으킬 수 있다. 비록 자일리톨을 사용한 지는 수십 년이 됐지만 임산부나 모유 수유를 하는 여성들은 이러한 인공 감미료보다는 천연 감미료를 사용하는 것

이 좋다. 아직까지 임신, 수유에 미치는 영향이 제대로 연구된 적은 없지만 조심하는 게 좋다. 또한 이런 당 알코올은 반려동물들에게 독성 물질로 작용하므로 반려동물 입에는 들어가지 않도록 조심해야 한다.

인체에 해로운 합성 인공 감미료를 대신할 수 있는 건강한 대체 감미료로는 메이플 시럽과 코코넛 슈가, 스테비아와 천연 꿀 그리고 만니톨 등이 있다. 사실 천연 감미료를 최대한 적게 넣고 반찬이나 식품을 가공할 시 그 재료 자체에 있는 단맛을 느끼는 게 가장 좋다. 또한 단것을 덜 먹으려면 다른 향을 같이 사용하는 것이 좋다. 예를 들면 바닐라와 카카오, 시나몬이나 겨자 그리고 고추냉이 같은 독특한 향이 나는 음식 재료를 요리에 사용하면 감미료의 사용을 조금이라도 줄일 수 있다.

인체에 좋은 천연 감미료

– 생 꿀

들과 산에 사는 벌이 만드는 달고 끈적끈적하며 짙은 황금색의 액체 식품인 생 꿀은 인체에 좋은 각종 영양소를 많이 함유한 웰빙 식품으로 일반적으로 18~20%의 수분을 함유한다. 약한 산성으로 살균과 멸균 효과가 있어 염증을 치료하는 데에도 쓰인다. 자연에서 얻는 천연 감미료로 소화 및 흡수가 빠른 식품으로 먼 옛날부터 단맛을 느끼게 해 주었으며 설탕을 대신하는 감미료로 사용되었다. 꿀통에서 꺼낸 채 가공하지 않은 꿀인 생 꿀은 인체에 좋은 역할을 하는 각종 효소뿐만 아니라 항산화 물질과 미네랄인 철분과 아연, 포타슘과 칼슘 등이 들어있으며 또한 아스코르브산(Vitamin C) 등의 다양한 비타민이 풍부하게 들어있다.

이러한 항산화 능력을 갖춘 성분들은 체내에서 생성되어 존재하는 활성 산소들을 없애 주는 역할을 하여 프로바이오틱스(probiotics)라고 불리는 장내 유익균들이 잘 자랄 수 있도록 한다. 벌이 꿀을 채집한 꽃의 색깔에 따라 영향을 주지만 영양가가 좋은 꿀일수록 색이 진하며 구매할 때는 되도록 산지에서 생산자로부터 직접 구하는 게 좋다. 가공한 살균된 제품은 대부분 제시된 좋은 효소나 항산화 물질 등의 영양소들이 파괴되기 때문에 조금은 탁한 색깔의 생 꿀을 먹는 것이 좋다. 생 꿀은 우리가 먹는 음식 위에 뿌려 먹거나 차로 먹을 때 미지근한 물에 녹여 먹는 것이 꿀이 가지고 있는 각종 영양소의 파괴를 막을 수 있다.

설탕이 제대로 보급되지 않은 시절의 옛날 사람들에게는 꿀이 유일한 당원(糖原)이었으며 생활 속의 상비약으로도 중요한 역할을 했다. 우리 주변의 흔히 볼 수 있는 발효 음료인 벌꿀 술과 살구 청, 매실청과 온갖 발효액을 만드는 데 쓰이며 특히 포도주나 다른 알코올 음료와도 혼합해서 사용하기도 한다. 아주 먼 옛날 이집트에서는 방부제로, 인도와 동남아시아의 여러 나라에서는 과일과 유용한 음식 재료 청을 만들거나 저장할 때 썼다. 그리고 떡과 당과 등을 만들 때도 사용했으며 성경과 코란에도 많이 등장한다.

– 스테비아

하천이나 습지대 주변에서 자라는 국화과의 여러해살이풀인 스테비아는 세계적인 시장에서 매우 주목받고 있는 천연 감미료다. 스테비아는 국화과의 일종으로 잎과 줄기에 단맛을 내는 '스테비오사이드'라는 성분이 있는데 이것이 설탕보다 당도가 200~300배 높아 천연 감미료로서의 활용도가 나날이 높아지고 있다.

최근 소비자들에게는 인공 합성 감미료보다 자연에서 추출한 천연 감미료를 선호하는 경향이 있어 청량음료와 유제품부터 스낵류, 빵류, 과자류 등에 이르기까지 다양한 제품에 폭넓게 사용되고 있다. 생 꿀과 달리 스테비아는 분자 구조상 열에 다소 강하기에 고온에서도 사용 가능하며 주의해야 할 점은 설탕보다 약 200배나 더 달다는 것이다. 평소 설탕이 많이 들어가는 제빵에 사용할 때는 설탕 자체의 부피가 꽤 많은 부피를 차지하게 된다. 하지만 설탕보다 200배 이상 더 단 스테비아를 쓰면 설탕 자체의 부피인 그만큼의 재료가 비워진다. 따라서 빵이나 과자를 만들 때는 설탕의 빈자리를 과일 퓌레와 요구르트, 달걀 흰자나 코코넛, 밀가루 등을 사용해서 이 문제도 해결하고 건강식도 먹을 수 있어 좋다.

– 코코넛 슈가

동남아 가정집 혹은 식당 요리에 우유 대신 사용하는 코코넛은 포타슘(K) 농도가 높고 소듐(Na) 농도가 낮으며 과육에는 섬유질이 많고 탄수화물이 적어 하나도 버릴 것이 없는 과일이다. 코코넛 슈가는 코코넛 꽃 즙액을 추출한 뒤 열을 가해 즙액에 존재한 수분을 증발시켜서 만든 것으로 화학적 정제 과정을 전혀 거치지 않는다. 코코넛 슈가의 시럽은 일반 설탕과 비슷한 칼로리를 갖고 있어 설탕의 대체 식품 감미료로 널리 사용되고 있다. 코코넛 슈가의 혈당지수, GI(Glycemic Index)는 사과와 비슷한 35 값을 나타내며 인체에 매우 유익한 저혈당 식품이다.

코코넛 과일로 만든 코코넛 워터와 코코넛 가루 그리고 코코넛 우유 등은 인체에 좋다고 이미 알려져 있다. 동남아시아 지역을 방문하는 여행자들은 적어도 하루에 한 번은 코코넛 열매에 스틱을 꽂아 마시며 잠시나마 더위를 잊으려고 하는 모습을 볼 수 있다. 이처럼 최근에 건강한 자연 설탕으로 주목받고 있다. 일반 사탕수수나 사탕무에서 추출된 설탕보다 혈당을 높이는 정도가 덜하며 생 꿀처럼 여러 가지 항산화 물질과 미네랄 등을 함유하고 있다. 폴리페놀과 무기물인 철분, 포타슘, 아연, 칼슘 그리고 아스코르부산(Vitamin C) 등의 항산화 성분들이 풍부하여 백설탕보

다 가공이 덜된 갈색 설탕처럼 가정집이나 식당에서 자주 사용하고 있다.

당도의 차이 때문에 생기는 부피의 변화는 없는데 그 이유는 당도가 설탕이랑 거의 똑같아서 설탕과 같은 양으로 요리에 사용하면 되기 때문이다. 하지만 사용 시 질감이 약간 거칠어 부드럽게 쓰고 싶다면 분쇄기나 믹서기에 갈아서 입자를 작게 만들어 사용하면 된다. 거친 느낌을 제거하는 또 다른 방법은 들어가는 음식 재료 중 액상 재료에 녹여서 사용하면 되지만 생크림을 만들거나 쿠키나 크림 등의 반죽에는 잘 녹지 않아 분쇄기나 믹서기로 가루를 만든 후 골고루 섞는 것이 좋다.

– 메이플 시럽

미국인이나 캐나다인들이 아침 식사로 따뜻하게 구운 와플 또는 팬케이크 위에 부어 먹는 메이플 시럽은 단풍나무의 수액으로부터 만든 천연 감미료이다. 어른의 엄지손가락 한마디 크기로 만든 다양한 모양의 왕사탕인 메이플 슈가 캔디나 빵, 후식을 만들 때 단맛을 주기 위한 감미료로 많이 쓴다. 간혹 맥주를 만들 때 약간의 달콤한 느낌을 주는 당의 구성 성분으로 이용되기도 한다. 멸치볶음 같이 오래 보관하거나 갈치 조림 같은 음식의 독특한 향과 맛을 내기 위하여 설탕 대용으로 많이 사용하

기도 한다. 단풍 당밀의 성분은 설탕(슈크로스, sucrose)이 약 62%로 제일 많이 존재하며, 가수분해된 물질인 과당과 포도당이 각각 약 1% 정도를 차지한다.

북아메리카지역에서 주로 만들며(A, B 등급) 단풍나무의 수액에 높은 온도를 가해 수분을 증발시켜야 해서 시간이 오래 걸릴 뿐이지 메이플 시럽을 만드는 과정은 아주 간단하다. 단풍나무에 구멍을 내고 용기를 걸어 수액을 뽑아 가열해 수분을 날리고 체 등에 걸러 내리면 된다. 메이플 시럽은 미네랄인 망가니즈와 칼슘, 아연과 포타슘 그리고 각종 항산화 물질이 풍부하며 생 꿀처럼 색이 어두운 B 등급을 선택하는 것이 좋다.

메이플 시럽은 생 꿀과는 다르게 물리적인 안정도가 있는데 열을 가해도 영양소가 파괴되지 않으며 각종 양념에 첨가하거나 윤기 내는 용도로 사용해도 된다. 강정이나 그래놀라 바(granola bar) 등을 만들 때 첨가하면 더욱 맛있다. 커피나 차에 설탕 대신 감미료로 넣어도 좋으며 케이크나 쿠키 위에 윤기 나는 용도로 뿌릴 때는 앞서 언급한 코코넛 슈가를 분쇄기나 믹서기를 이용하여 고운 가루로 만든 후 살짝 끓인 메이플 시럽에 섞어 녹인 다음 식혀서 뿌리면 훨씬 맛이 있다.

– 만니톨

석류의 뿌리나 버섯 등의 식물에 널리 존재하는 만니톨은 이뇨제 등의 의약품에도 이용되며 OH기가 6개나 한 분자에 존재하는 백색 결정의 당 알코올로 분자식은 $C_6H_{14}O_6$이며 분자량은 182.2 g/ml이다. 분자의 화학적 구조는 원자의 배열과 각 해당 원자들 간의 화학 결합으로 결정되는데 아래 제시된 분자 구조식에서 살펴보면 만니톨 분자는 14개의 수소 원자, 6개의 탄소 원자 그리고 6개의 산소 원자로 구성되어 총 26개의 원자로 구성되어 있다. 만니톨 한 분자에는 25개의 화학 결합과 11개의 비 수소 결합 그리고 5개의 단일 결합과 6개의 수산화기(−OH), 2개의 1차 알코올과 4개의 2차 알코올로 구성되어 있다.

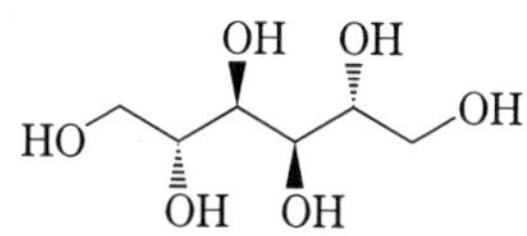

만니톨의 분자구조

OH기를 6개나 한 분자에 가지고 있는 만니톨은 물에 잘 녹지만 냉각된 알코올에는 잘 녹지 않으며 약간의 달콤함을 가지는데 설탕의 약 60% 정도의 단맛을 갖는다. 과일과 채소, 식물의 잎, 줄기 그리고 뿌리, 해조와 지의류 및 굴류 등에 함유되어 있다. 일반적으로 생활 속에서 볼 수 있는 현상으로 곶감이나 건조된 다시마의 표면에 흰 가루 형태를 볼 수 있는데 만니톨에서 수분이 제거되며 결정화된 현상이다. 만니톨의 합성 방법은 다양하지만 간단하게 D-만노스와 D-프럭토스(α)를 환원(만니톨 탈수 소화 효소의 작용)시킴으로써 얻을 수 있다. 인류가 최초로 이

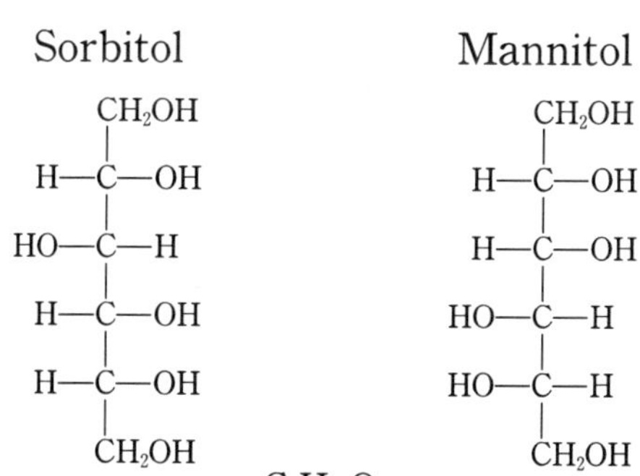

$C_6H_{14}O_6$

용한 미생물인 효모와 진균류에 속하는 미생물인 곰팡이에서도 포도당과 자당으로부터 합성 생산된다.

심지어 과당이나 전화당 환원 방법의 하나인 접촉 환원(catalytic reduction)에 의해서도 소르비톨(sorbitol)과 함께 합성된다. 또한 다시마로부터 열을 동반한 에탄올 추출에 의해서도 얻어진다. 만니톨의 활용은 비만이나 당뇨병 환자의 설탕 대용 감미료로 이용되며 껌이나 엿 등에 쉽게 달라붙는 것을 방지하는 점착 방지제로도 사용된다. 인체 내에서 장시간의 분해 소화 과정이 동반되는 물질대사를 일으키며 혈액 뇌관문을 통과하지 못 하는 단당류로 신장에서 재흡수되지 않아 혈중에 오랫동안 존재하기 때문에 삼투압 작용을 일으키기도 한다. 이런 생화학적 작용 때문에 삼투압 이뇨제 또는 혈장 대용액으로 사용되며, 급성신부전과 뇌부종의 치료에도 적용된다. 심장의 수축 운동이 비정상적인 심부전에서는 오히려 혈장량을 증가시켜서 심부하를 증대시키고 증상을 악화시킬 가능성이 있어서 이뇨제로는 사용하지 않는다.

26 Chapter

네오탐

1. 무척 단 합성 인공 감미료인 네오탐

네오탐(Neotame)은 설탕보다 감미도가 7,000~13,000배 정도의 무척 단 합성 인공 감미료로 분자식은 $C_{20}H_{30}N_2O_5$이며 분자량은 378.46 g/mol이다. 네오탐은 합성 인공 감미료 중 하나인 아스파탐의 유도체이며 분자의 화학적 구조는 원자의 배열과 각 해당 원자들 간의 화학 결합으로 결정된다. 30개의 수소 원자, 20개의 탄소 원자, 2개의 질소 원자 그리고 5개의 산소 원자로 구성되어 총 57개의 원자로 이뤄져 있다.

모두 57개의 화학 결합을 가진 네오탐의 IUPAC 명은 (3S)-3-[(3,3-dimethylbutyl)amino]-3-{[(2S)-1-methoxy-1-oxo-3-phenylpropan-2-yl]carbamoyl}propanoic acid이며 분자 구조식은 다음과 같다.

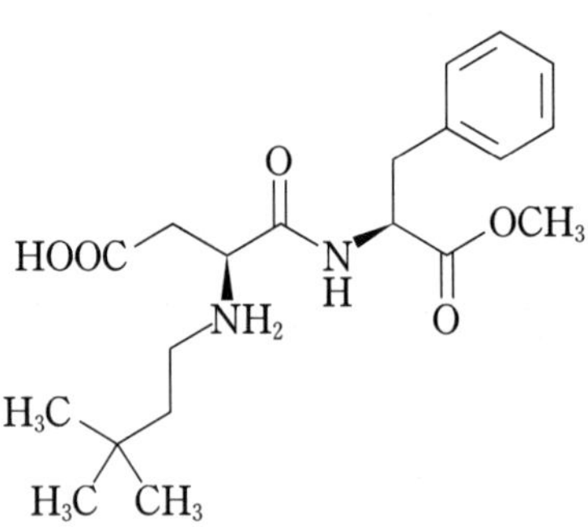

네오탐의 분자 구조식

2. FDA에서 2002년 7월에 공인된 네오탐

개발된 지 20년도 안 됐지만 우리 식생활에 깊숙이 자리한 네오탐은 아이스크림과 연한 생과자인 푸딩(pudding)에 사용되고 있으며 시장에서 독보적이고 높은 가치에 따른 지위를 누리고 있다. 소비자들의 변화하는 미각을 만족시켜줄 저칼로리 감미료를 찾기 위해 식·음료업체들이 눈에 불을 켜고 경쟁을 펼치는 시장에서 아주 크게 흥미를 불러일으키고 있다.

입에 맴도는 달콤한 맛에 대한 사람들의 선호를 식품산업에서 놓칠 리가 없었기에 설탕의 약 200배, 300배, 600배, 1만 배 이상, 22만 배 이상 단맛의 정도가 높은 아스파탐, 사카린, 수크랄로스, 네오탐, 럭두네임(lugduname)이 연이어 개발되었다. 이들 단맛을 지닌 물질들의 분자 구조는 다양해 '단맛을 느끼는 인간의 혀에 특이한 결합 방식은 무엇일까'라는 연구 주제로 연구자들의 높은 관심을 받게 되었으며 앞선 장에서 세밀하게 언급했던 맛 수용체와의 삼각형 구조 결합, 즉 Sweetness triangle의 상관관계로 설명하고 있다. 그리고 단 물질과 맛 수용체 간의 새로운 상호 작용도 연구 발표되고 있다. FDA에서 2002년 7월에 공인된 네오탐은 껌과 사탕 그리고 음료, 디저트와 푸딩 그리고 요구르트와 빵 등 단맛을 요구하는 다양한 식음료 사용처에서 사용되고 있다.

3. 미국 심장협회와 당뇨병 협회의 권장량

최근 우리들의 안정된 건강생활을 위해 비만, 당뇨병과 관련되는 설탕과 같은 단맛을 내는 물질의 하루 섭취량은 우리 자신을 긴장시키는 주제이기도 하다. 이런 문제에서 미국 심장협회와 당뇨병 협회는 채소나 과일 그리고 곡물 등에 있는 천연 당분 외에 추가로 섭취하는 설탕의 양은 여성의 경우 하루에 100 kcal 이하, 남성은 150 kcal 이하를 권장하고 있다. 이 권장량은 찻숟가락으로 대략 6개와 9개에 해당하는 양으로 꽤 많은 양이다. 또한 이 기관이 제시한 6개의 대체 감미료는 스테비아(stevia), 아세설팜 K(acesulfame K), 아스파탐(aspartame), 네오탐(neotame), 사카린(saccharin) 그리고 수크랄로스(sucralose)이며 이 중 스테비아만 자연에 존재하는 식물에서 추출되는 천연 감미료이며 나머지는 모두 합성 인공 감미료다.

4. 인공 감미료인 아스파탐으로부터 네오탐의 합성

미국 심장협회와 당뇨병 협회에서 사용해도 좋은 인공 감미료로 인정받은 네오탐은 다양한 합성 방법이 존재하지만 여기서는 인공 감미료인 아스파탐으로부터 네오탐이 합성된 방법을 제시한다. 이 반응을 살펴보면 먼저 3,3-dimethylbutanal과 아스파탐의 환원적 alkylation에 의해 네오탐이 합성된다.

여기서 알 수 있듯이 네오탐은 아스파탐의 N 원자에 alkyl기가 도입된 유도체이다. 위에 제시된 반응식에서 보면 다양한 방법으로 합성된 3,3-dimethylbutanol(4)을 구리 촉매를 이용한 기체 상태 탈수소 반응에 의해 3,3-dimethylbutanal(3)으로 전환한다. 이렇게 생성된

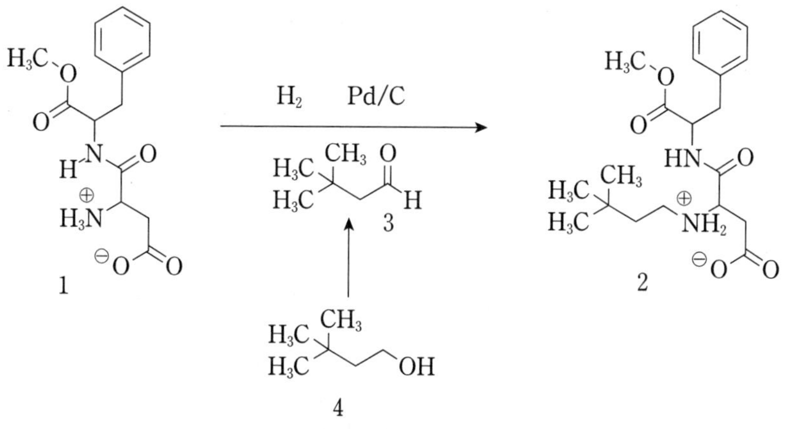

아스파탐으로부터 네오팜의 합성

3,3-dimethylbutanal(3)을 아스파탐(1)과 Pd/C 촉매와 수소를 첨가하여 반응시키면 인공 감미료인 네오탐(2)을 얻을 수 있다[Top Catal (2012) 55:625-630].

5. 네오탐의 가장 중요한 대사 경로

단맛의 강도에 따라 좋아하는 정도에 차이가 있긴 하지만 사람들은 대부분 단맛을 좋아한다. 하지만 당도가 너무 높은 음식은 많은 사람이 오히려 싫증 내거나 거부하는데 이것은 개인마다 선호하는 당도의 범위가 다르기 때문이다. 간혹 인공으로 만들어진 합성 감미료들은 너무 달아 도저히 혀를 갖다 대지 못할 정도의 아찔한 현기증을 유발한다.

네오탐의 가장 중요한 대사 경로는 에스터 결합(–COO bond)을 가수분해[물에 의해 알코올(–OH)과 유기산(–COOH)으로 분해]하는 효소인 에스테레이스(esterase)에 의한 methylester의 가수분해이다. 이 가수분해로 인해 생성되는 물질은 탈에스터화된 네오탐과 메탄올(매우 유독해서 마시면 실명하거나 죽는다)이다. 여기서 생성된 메탄올이 건강에 문제를 유발할 수는 있으나 워낙 적은 양(설탕 : 네오탐 = 1 : 7,000~13,000의 감미도 차이를 나타내므로 설탕보다 양적으로 미미하게 사용)을 사용하므로 인체에는 그리 큰 악영향을 주지 못한다.

지금까지 달콤한 미각을 느끼도록 유혹하는 수백 가지의 인공 감미료가 합성되어 알려졌다. 그러나 합성된 인공 감미료는 무엇보다 인체에 부작용이 없어야 하며 악영향을 나타내지 않아야 하기에 많은 단맛을 지닌 합성 인공 감미료들이 탈락해 사라졌다. 생활에 사용되는 합성 인공 감미료에서 탈락한 합성 물질을 만드는 데 자신의 노력을 아끼지 않은 많은 화학자에게는 무척 아쉬움이 남는 화학적 투쟁이었을 것이다.

6. 천연 감미료와 합성 인공 감미료의 단맛 비교

지금까지 수백 종 이상의 합성 인공 감미료가 개발되었지만 많은 합성 물질이 인체에 부작용이나 악영향을 끼쳐서 감미료의 자격을 박탈당했다. 최근 2018년까지 개발된 감미료 중 세계적으로 사용되는 16종의 천연 감미료와 합성 인공 감미료를 달콤한 단맛의 정도와 함께 나타내면 다음과 같다. 여기서 여러분 스스로 무엇이 합성 인공 감미료이며 어떤 물질이 천연 감미료인지 구분해 보고 그들의 단맛을 비교해 보면 좋을 것이다.

천연 감미료와 합성 인공 감미료의 단맛 비교(설탕의 당도를 1이라 했을 때의 상대적인 값)

천연 감미료	합성 인공 감미료
유당(젖당) 0.16 소르비톨 0.6 설탕 1.0 사이클라메이트 30~50 아세설팜 포타슘 200 사카린 300~675 알리탐 ~ 2,000 네오탐 7,000~13,000	말토스 0.33~0.45 포도당 0.74~0.8 과당 1.17~1.75 스테비오사이드 40~300 아스파탐 180~250 수크랄로스 320~1,000 타우마틴 2000 럭두네임 ~ 300,000

27 Chapter

럭두네임과 탄수화물

1. 현존하는 가장 단 물질인 럭두네임

럭두네임(Lugduname)은 현존하는 가장 단 물질이며 설탕의 220,000~300,000배 정도 달고 사카린의 600배 정도 달다. 분자식은 $Cl_{18}H_{16}N_4O_4$이며 분자량은 352.35 g/mol이다. 극도로 단맛을 내는 인공 감미료 중에서도 아세트산 작용기가 구아니딘에 결합한 것으로, 1997년 미국 라이온(Lyon) 대학에 의해 개발되었으며 아직 식품에는 사용 승인이 떨어지지 않은 화합물이다.

식물들이 탄소, 수소, 산소의 세 원소로 만드는 화합물인 탄수화물이 아니면서 단맛이 나는 감미료 중에서 가장 단맛이 나는 럭두네임은 식용 감미료로 아직 허가되지 않아 사용하지 않고 있다. 하지만 설탕보다 약 20~30만 배 더 달다고 하니 이렇게 상상을 초월한 강력한 단맛 감미료 분자라면 우리들의 코를 살짝 스쳐 지나가기만 해도 단맛을 느

낄지도 모르겠다. 강력한 단맛을 가진 럭두네임의 IUPAC 명은 N-(4-Cyanophenyl)-N-(2,3-methylenedioxybenzyl)guanidinoacetic acid이다.

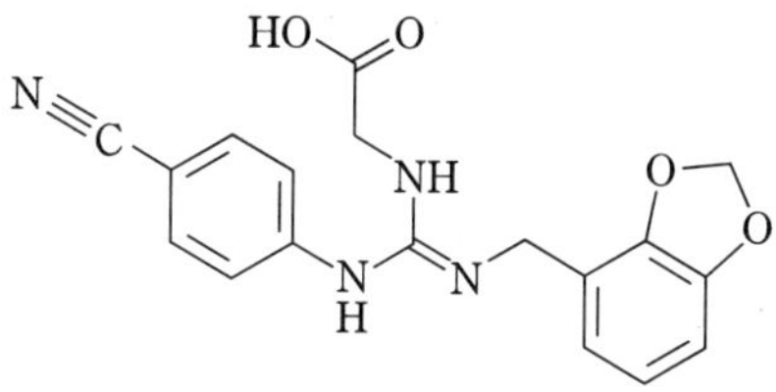

럭두네임(Lugduname)의 분자 구조식

앞으로 럭두네임에 관련된 물리적·화학적 특성뿐만 아니라 다양한 화학(chemistry)이 과학자들에 의해 연구 분석되어 문헌화 되는대로 이 책에 제시하고 새로운 내용을 수정 보완할 예정이다.

2. 우리의 건강과 후천성 당뇨병

식용 감미료로 아직 허가되지는 않았지만 감미료 세계에서 가장 단맛이 나는 럭두네임이 우리의 단맛에 관한 관심을 한층 더 상승시키고 있다. 하지만 단맛과의 관심을 더욱 심각하게 고조시키고 있는 것은 우리의 건강과 관련 있는 유전자 이상이 아닌 후천성 당뇨병이다.

당뇨는 탄수화물인 포도당과 과당 그리고 설탕 등 장기간 섭취 농축된 과다한 당분이 주원인이다. 당분은 우리에게 여유로움을 느낄 수 있는 달콤한 단맛은 안겨 주지만 비만과 당뇨병 환자에겐 가장 기피 대상이 된다. 여기서 당류에 대한 분류와 그 부류에 속한 우리와 가장 밀접하게 관계되는 몇 가지 당류를 소개한다.

3. 단당류와 이당류

3-1. 단당류

단당류인 포도당, 과당, 갈락토스, 그리고 만노스의 분자 구조식은 다음과 같다.

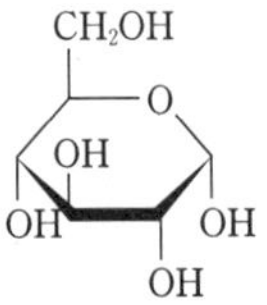

포도당

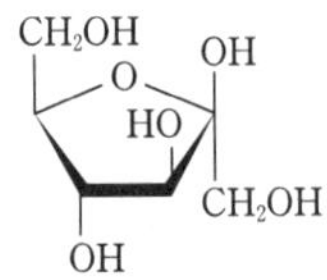

과당

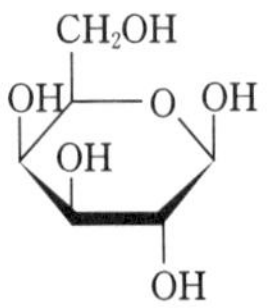

D-galactose

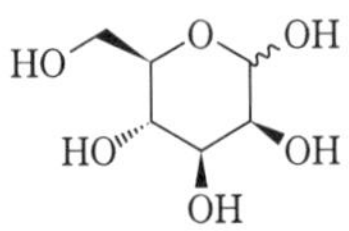

D-mannose

건강검진을 통해 채취한 혈액에서 당뇨 여부를 판단하는 물질이며 실제로 혈액에서 농도가 증가하면 각종 혈관 질환을 일으키거나 합병증을 일으키는 포도당(glucose)을 비롯하여 과당(fructose), 갈락토스

(galactose), 만노스(mannose) 등은 거의 엇비슷한 단맛이 나는 단당류(monosaccharide) 분자이다. 단당류(monosaccharide)는 한 개라는 의미의 모노(mono)와 설탕을 의미하는 그리스어인 사카라이드(saccharide)가 합쳐져 구성된 단어이다. 합성 인공 감미료의 대명사 격인 사카린(saccharin)도 그 어원이 설탕에서 파생된 것이다.

3-2. 이당류

사탕수수와 사탕무에서 추출된 설탕(sugar, sucrose)은 이당류(disaccharide)이며 이당류는 둘을 의미하는 다이(di)로 시작되는 단어이다. 단당 분자 2개로 구성된 분자라는 것을 쉽게 알 수 있으며 젖당(lactose, milk sugar)과 맥아당(maltose)도 이당류 분자들이다.

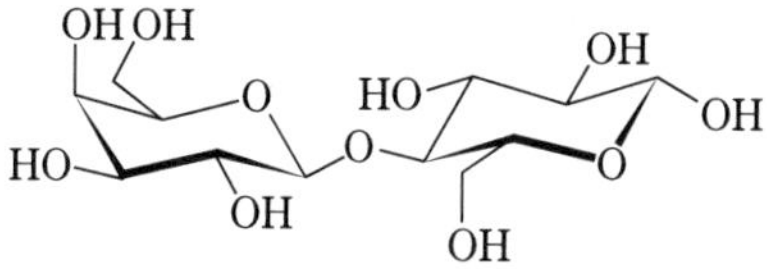

젖당

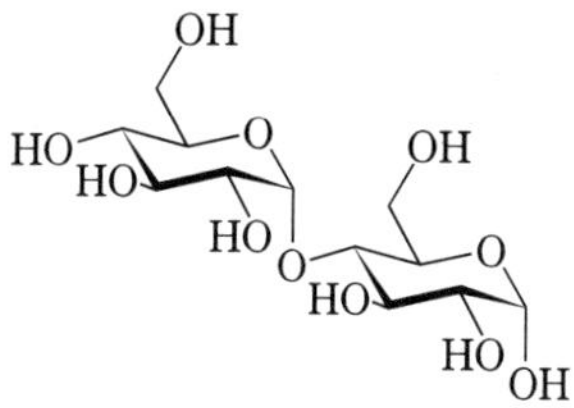

맥아당

3-3. 단당류로부터 이당류와 올리고당의 형성

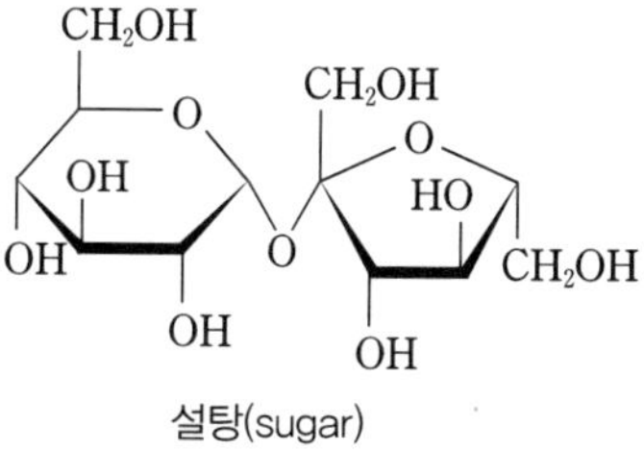

설탕(sugar)

IUPAC 명이 β-D-Fructofuranosyl α-D-glucopyranoside인 설탕은 단당류인 포도당 1분자(왼쪽)와 과당 1분자(오른쪽)가 화학 결합(glycosidic bond)이 되어 구성된 이당류 분자이다. 단당류의 분자식은 $C_6H_{12}O_6$이며, 이당류의 분자식은 단당류 분자 2개가 결합을 하면서 물(H_2O)이 빠져나가므로 $C_{12}H_{22}O1_{11}$이다. 포도당 분자에 있는 OH기(hydroxyl기)와 과당에 있는 OH기가 화학 결합을 하여, 물이 생성되면서 두 분자 간에 결합이 형성된다.

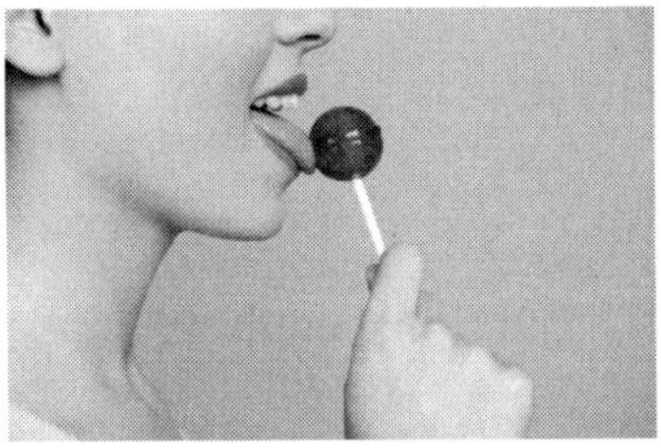

일반적으로 하나의 당 분자의 OH기와 또 다른 당 분자의 OH기 혹은 유기 화합물의 OH기가 반응하면 부산물로 물이 합성되는데 이 물 분자가 제거되면서 형성되는 공유 결합을 글라이코사이드 결합(glycosidic bond)이라고 한다. 분자구조로 살펴보면 단당류들은 글라이코사이드 결합을 할 수 있는 OH기를 적어도 4~5개를 포함하고 있다. 따라서 이렇게 글라이코사이드 결합을 할 수 있는 OH기를 가진 많은 종류의 단당류가 있으며, 또한 그 단당류들이 가지고 있는 OH기의 위치와 수를 상상해 보면 생성될 수 있는 이당류 분자들의 종류가 많을 것임을 미리 짐작할 수 있다.

4. 젖당(혹은 유당)과 맥아당

대표적인 이당류인 설탕 외에도 젖당(혹은 유당)은 포도당 1분자와 갈락토스 1분자가 결합한 분자로 이름이 의미하는 것처럼 우유와 모유에 많이 포함되어 있다. 위의 제시된 분자 구조를 가진 맥아당(maltose)도 이당류로 달콤한 단맛이 나는 분자이다.

젖당(lactose)을 본래의 구성 성분인 포도당과 갈락토스로 분해하는 효소를 락테이스(lactase)라 하며 락테이스(β-D-갈락토사이드의 글라이코사이드결합을 가수분해하는 효소)가 부족한 사람들은 맛있는 우유를 마시면 늘 속이 더부룩하며 거북해진다. 심할 경우 설사 혹은 복통을 유발하는 경우도 있다.

한편 맥아당(maltose)은 포도당 분자 2개가 글라이코사이드 결합으로 형성된 분자이다.

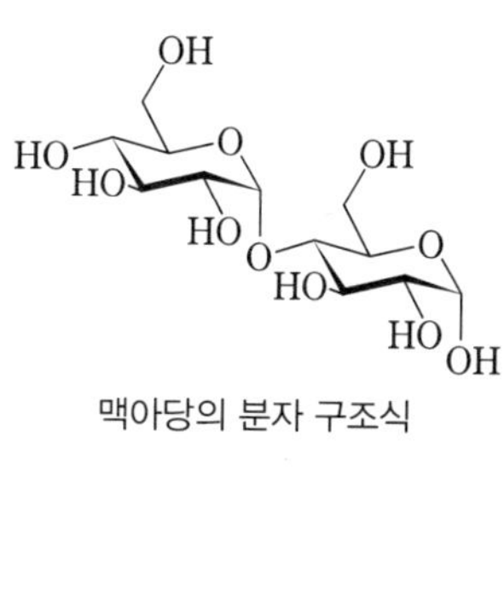

맥아당의 분자 구조식

곡식을 엿기름으로 삭힌 후 높은 온도에서 수분을 증발시키기 위해 조려서 꿀처럼 만든 감미료인 물엿은 맥아당이 주성분인 점도가 매우 높은 액체이다.

β-아밀레이스는 우리가 주식으로 하는 음식인 쌀·보리·밀 등의 곡류와 감자·고구마·옥수수 등에 든 탄수화물인 녹말(전분이라고도 함)의 분해 효소이다. 이 β-아밀레이스(소화 효소)를 첨가하면 녹말에 포함된 포도당으로 구성된 고분자들을 신기하게도 포도당 2개 묶음 단위(이당류)로 잘라내어 수많은 맥아당 분자를 만들어 낸다. 설탕도 설탕 분해 효소인 수크레이스(sucrase)를 만나면 가수분해되어 포도당과 과당으로 분해된다. 그러므로 진한 설탕 시럽을 수크레이스로 분해하면 같은 양의 포도당과 과당이 포함된 시럽이 되며 이것을 전화당(invert sugar, 전화 효소에 의해 분해된 설탕에서 생성된 포도당과 과당의 혼합물)이라 한다. 순수한 설탕 시럽인 단일 물질보다 세 가지 물질이 섞여 복합적으로 맛을 느끼는 시차 효과 및 감각효과 때문에 입안에서 더 단맛이 난다. 벌꿀이 설탕보다 훨씬 단맛이 나는 이유도 꿀의 주성분이 과당과 포도당이 거의 70% 정도 되는 매우 유사한 전화당 시럽이기 때문이다.

5. 올리고당

단맛이 나기 때문에 반찬을 만들거나 음식 재료로 사용할 때 설탕을 대신하여 쓰는 경우가 많은 올리고당(oligosaccharide)은 분자량이 다당류보다는 적고 단당류보다는 크며, 흔히 3개 이상 10개 미만의 단당류가 결합한 분자를 말한다. 올리고(oligo-)는 소량을 의미하는 것으로 일정 수의 당 분자들이 결합하여 이루어진 당이며 어떤 종류의 단당류가 어느 자리에 그리고 얼마나 많이 결합하느냐에 따라 종류가 다른 올리고당이 만들어질 수 있다. 그것들의 당도도 차이가 많이 나고 올리고당은 음식의 단맛을 살리는 데 많이 이용된다.

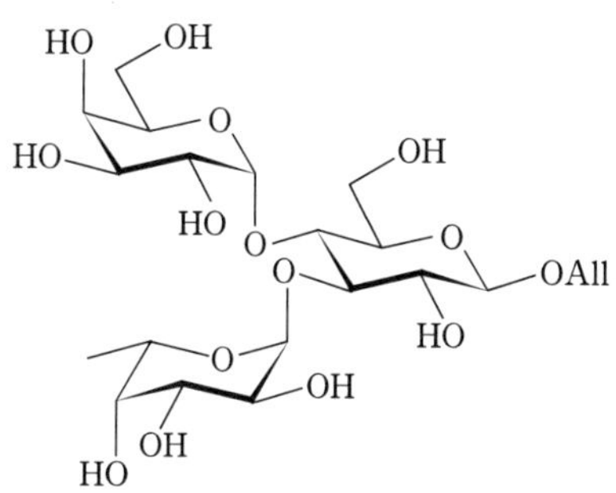

Allyl α-L-fucopyranosyl-(1→3)-[α-D-galactopyranosyl-(1→4)]-α-D-glucopyranoside
올리고당(oligosaccharide)

인체 내에 있는 소화 효소에 의해 전혀 분해되지 않는 올리고당은 가수분해하여 포도당과 과당이 되는 설탕보다 매우 적은 열량을 낼 수 있으므로 저열량 가공식품에 효과적으로 사용된다. 많은 수의 단당류가 결합되어 이루어진 거대당류로 분자량이 거대한 녹말(starch)과 글라이코젠

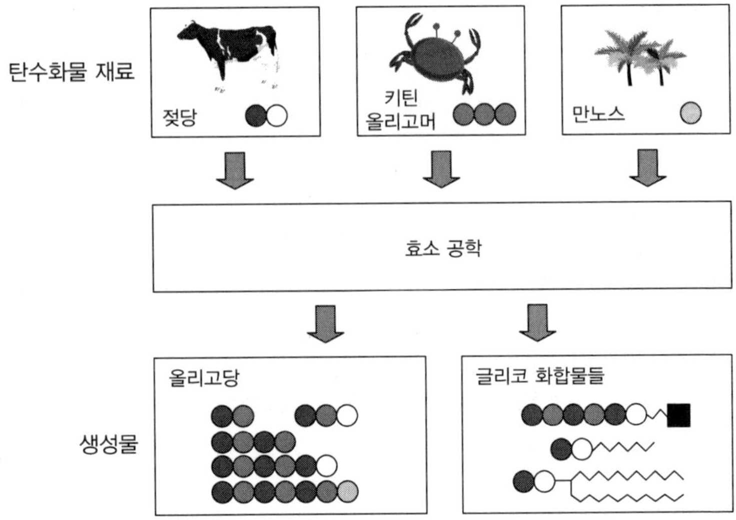

효과적인 올리고당 합성 방법

(glycogen) 등이 가수분해하여 말토스(maltose)나 글루코스(glucose) 등의 이당류 혹은 단당류로 분해되는데, 이 분해할 때 쓰이는 효소가 아밀레이스이다. 그러나 앞서 언급한 아밀레이스를 비롯한 인체가 가지고 있는 많은 소화 효소들은 올리고당을 포도당으로 분해하는 능력은 없다. 어른은 물론 아기도 올리고당을 소화 분해해 흡수하지 못한다. 그런데 아기가 먹는 모유 구성 성분의 약 22%가 올리고당이다.

6. 모유에 올리고당이 존재하는 이유

아기의 유일한 영양공급원인 모유에 왜 아기가 흡수하지도 못하는 물질인 올리고당이 들어있는 걸까? 그 이유는 다음과 같다. 다양한 종류의 비피두스균 가운데 오직 비피도박테리움 인판티스(*Bifidobacterium infantis*)만이 모유 올리고당을 먹이로 하여 급성장한다. 엄마는 모유에 올리고당을 풍부하게 넣음으로써 특정 세균이 아기의 장 속에 살도록 유도한다. 이것은 모유를 먹는 아기의 장에 사는 세균 중 99%가 비피도박테리움 인판티스라는 사실과 정확히 일치한다. 장내 세균 비피도박테리움 인판티스의 유전자 염기서열을 분석하여 그 기능을 정밀하게 확인해 보니 비피도박테리움 인판티스에는 올리고당을 이용하는 특별한 능력이 있었다. 이 세균은 올리고당을 분해하여 포도당을 내놓아 아기는 특별한 소화 효소 없이 포도당을 직접 흡수하게 되는 것이다. 아기를 키우기 위해 모체와 세균이 협업한다는 사실은 매우 놀라우며 인간과 세균과의 관계는 이 정도까지 긴밀하다. 모유의 올리고당은 인간이 세균과 어떤 방식으로 서로 간의 이익을 공유하며 공생하는지 보여주는 긴 이야기의 시작일 뿐이다.

7. 밀가루의 분해

밀의 낟알을 분쇄하여 체에 쳐서 밀기울을 제거한 가루인 밀가루도 결국은 소화 효소에 의해 가수분해가 되면 이당류인 맥아당도 되고 단당류인 포도당도 된다. 왜냐하면 밀가루 구성 성분의 주성분인 녹말은 포도당으로 이루어진 고분자이기 때문이다. 또한 설탕을 비롯한 이당류들은 소화 효소에 의해 가수분해되면 당연히 포도당이 생성된다. 단당류와 이당류, 올리고당과 녹말은 당류의 양적인 차이만이 존재할 뿐 모두 탄수

화물의 한 종류이다. 그래서 탄수화물의 분자식을 일반식인 $(CH_2O)_n$으로 나타낼 수 있다.

일반식인 $(CH_2O)_n$을 정확하게 표현하면 탄소 한 개(C)와 물 분자 한 개(H_2O)가 1:1의 비율로 분자가 구성되어 있다. 즉, 탄수화물은 물을 함유한 탄소라 하여 그런 이름이 붙었다. 식품의 구성 성분을 표시하는 상표에는 식품에 포함된 당의 함량을 각각 표시하는 대신에 탄수화물의 함량으로 한꺼번에 표기한 경우도 많이 볼 수 있다. 분자식이 $(C_6H_{12}O_6)_n$인 녹말은 n의 값이 매우 큰 탄수화물이다. 다수의 α-글루코스 분자가 글라이코사이드 결합(glycosidic bond)에 의해 중합한 천연 고분자인 아밀로스도 분자 구조를 살펴보면 많은 포도당이 결합한 형태이며 소화 효소에 의해 가수분해되면 결국 포도당으로 나눠진다.

28 Chapter

살아 움직이는 달콤함의 역사와 생화학

1. 단맛 선호도를 반전시킨 개혁 운동

북아메리카에 사탕수수가 옮겨 심어진 후인 16세기까지도 유럽에서 설탕은 귀중품과 사치품으로 남아 전문화된 의약품이나 향신료로 여겨졌다. 왕들은 자신의 식탁 위에 달콤한 설탕이 든 유리그릇을 올려놓는 것으로 스스로의 부와 명예를 과시하기도 했다. 그 당시 귀중품으로 설탕의 가치가 얼마나 대단했던지 영국에서는 4파운드(4 lb=1.8 kg)의 설탕으로 태어난 지 얼마 지나지 않은 송아지 한 마리를 살 수 있을 정도였으며 이러한 상황에서도 생 꿀은 여전히 다수의 천연 감미료 중의 대표 자격을 유지하고 있었다.

생 꿀은 특히 많은 인원이 공동 생활하는 수도원에서 주로 생산되었으나 16세기에 로마 가톨릭교회에 반대해서 일어난 개혁 운동인 종교개혁으로 말미암아 아주 큰 변화가 생겼다. 공동생활하는 수도원에서 밤을

밝힐 초의 재료인 밀랍을 생산하다 보니 자연히 꿀의 생산까지 담당했었다. 그러나 종교개혁으로 많은 수도원이 오래된 제도나 관습 따위를 새롭게 탈바꿈해야 하는 개혁 대상이 되면서 자체적인 생 꿀 생산이 어려워져 공급이 급격히 줄어들었다.

생 꿀과는 달리 사탕수수로부터 추출된 설탕은 저렴하지는 않지만 충분히 사용할 수 있을 만큼 공급되었고 여유 있는 생활 수준의 변화로 수요량도 나날이 증가했다. 설탕의 다양한 사용처와 대량생산과 더불어 심화된 연구와 분석을 통해 물리적 성질을 하나둘씩 발견하기 시작했다. 설탕이 습기를 흡수함으로써 음식을 오래 보존하는 역할을 한다는 것과 이런 성질을 이용해 다양한 과일잼을 만들 수 있다는 사실이 유럽인들에게 널리 알려지면서 더욱 수요가 크게 늘었다. 특히 16세기 종교개혁의 결과로 차나 커피처럼 새로운 음료를 선호하며 여가를 즐기는 개신교를 믿는 사람들이 늘면서 맛이 달달하고 물에 잘 녹는 설탕의 수요는 계속 증가하게 되었다.

2. 나폴레옹과 설탕

사탕수수와 사탕무로부터 추출된 설탕의 등장은 구태의연한 왕정과 노예 반대 운동을 하는 혁신가 등 모두의 삶을 즐겁게 격려하며 기세를 올리게 해주었다. 물질적인 차원에서나 관념, 믿음의 체계적인 차원에서도 사탕수수와 사탕무로부터 설탕을 추출 생산할 수 있도록 적극적으로 후원했다. 사탕수수와 사탕무 설탕의 급속한 발달에는 프랑스의 황제였던 나폴레옹(1769~1821)의 역할도 상당히 컸다. 전쟁 중의 유럽 봉쇄는 사탕수수와 사탕무로부터 추출되는 설탕 산업의 발전을 자극하는 계기가 되었다. 영국이 유럽 항만과 해안의 교통을 차단하는 일에 맞서서 나폴레옹은 영국과 통하는 대륙의 모든 항구를 폐쇄했다. 이런 이유로 유럽의 설탕의 공급 통로가 완벽하게 막혀 많은 수요에도 불구하고 전혀 설탕을 공급받을 수가 없었다. 따라서 유럽 내의 설탕 수요자들의 불평불만이 고조되었고, 나폴레옹은 정치 생명을 걸고 사탕수수와 사탕무로부터 추출되는 설탕을 생산할 수 있도록 적극적으로 지원할 수밖에 없었다. 이와 맞물려 사탕수수와 사탕무로부터 추출되는 설탕을 생산하는 기술도 급격히 발달했다.

유럽과의 무역이 항만과 해안의 교통 차단으로 완전히 폐쇄되어 영국이 자체적으로 생산한 많은 양의 설탕을 스스로 템스강(Thames River)에 던져 넣는 수고를 감당해야만 한다고 언급했던 나폴레옹의 말이나 위협하는 행동이 실제로 이루어지진 않았다. 하지만 이 사건 전에는 사탕수수나 사탕무를 집에서 기르는 가축의 먹이쯤으로 여기던 지역까지 사탕수수와 사탕무에 의해 추출된 설탕이 전해졌다. 유럽 모든 지역에 설탕 추출법이 두루 퍼져 일반적이며 보편적인 제당 산업으로 발전시켰다는 점에서 유럽 대륙의 정복자인 나폴레옹이 어려운 일을 극복하고 자기 뜻을 이룬 영웅적인 면모도 엿볼 수 있다.

3. 뇌의 절대적인 포도당 사랑

우리 몸이 탄수화물을 섭취하면 몸속에서 소화되면서 단당류인 포도당으로 분해되며 이 포도당은 혈액을 타고 온몸의 에너지원으로 사용된다. 그 중 뇌와 적혈구의 에너지원은 포도당이 유일하다. 다시 말하면 우리 뇌와 적혈구는 오직 포도당만을 에너지로 사용하기 때문에 포도당은 우리의 삶과 생존에 있어서도 산소만큼이나 필수적이다. 한순간이라도 우리 뇌에 포도당 공급이 이루어지지 않는다면 우리는 생각하고 행동하며 살 수 없기에 일정한 수준의 포도당을 지속적으로 공급해야 한다.

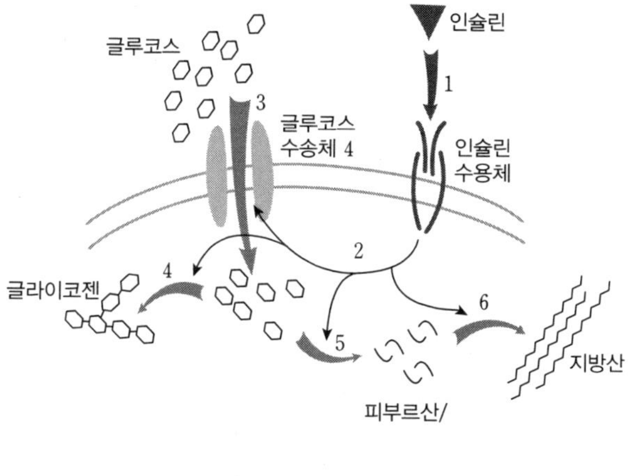

그래서 우리의 몸은 혈당을 일정한 수준으로 유지하려는 아주 정교하며 복잡한 탄수화물 대사 체계가 발달되어 있으며 인슐린과의 상호작

용도 그 가운데 하나다. 인체에 있어 포도당을 가장 빠르게 공급할 방법은 포도당 주사를 직접 혈관에 놓는 것이며 그다음으로는 설탕과 꿀 그리고 초콜릿과 같은 포도당과 과당이 많이 존재하는 당류를 섭취하는 것이다. 우리가 여가 선용이나 건강을 위해 여행이나 등산할 때 준비하는 비상용 식품으로 사탕이나 초콜릿을 준비해 가는 것도 이러한 이유이다. 이렇게 우리에게 없어서는 안 될 포도당은 인체 내에서 소화 및 분해되어 직접 생산되기도 하고 음식을 통해 섭취되기도 한다. 특히 여성의 임신 기간 중 포도당은 태아의 건강한 세포 형성을 돕고 성장을 위한 젖을 만드는 일도 돕는다.

4. 과일은 냉장칸 아니면 냉동칸?

일반적으로 과일을 사면 냉장고에 보관한 뒤 몇 시간이나 혹은 하루 이틀 뒤 꺼내 먹는다. 냉장고에서 막 꺼내 먹는 과일은 살짝 찹찹한 느낌과 함께 살 때보다 숙성되어 실온에 있었던 과일보다 훨씬 더 달게 느껴진다. 단지 냉장고에서 막 꺼내 차가운 일시적인 느낌 문제일까 아니면 숙

성 후 온도 변화 때문에 낮은 온도에서 느끼는 당도가 달라져 일어난 현상일까?

실제로 우리가 찬 과일이 더 달게 느껴지는 것은 냉장고 안에서 숙성되며 과일 속 과당(fructose) 분자의 구조적 변화인 변광 회전 현상(mutarotation), 즉 과당 분자의 이성질화가 일어나기 때문이다. 일반적으로 과당은 알파형과 베타형이 섞여 수분에 녹아 있으며 베타형이 알파형에 비해 세 배나 더 달콤하다. 냉장고 안의 시원한 온도에서는 과당의 베타형이 어느 정도 높은 농도를 가지므로 바로 사서 먹는 과일보다 맛있고 더 달달한 느낌을 느끼는 것이다. 식품 화학 분석에 의하면 우리의 혀에 과일이 닿을 때 우리는 이들 성분(알파형과 베타형)의 평균 단맛을 느끼게 된다고 한다.

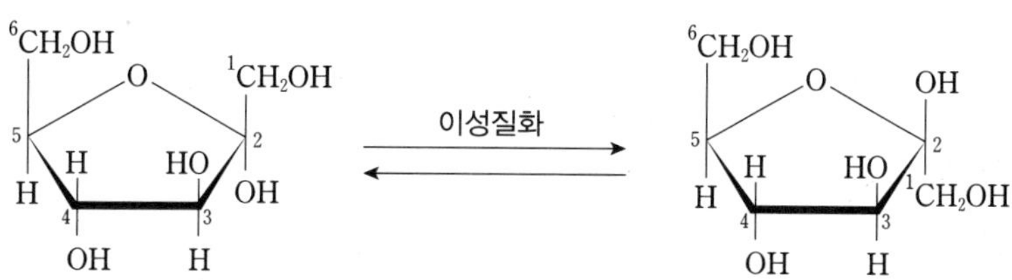

알파−D−fructofuranose　　　　베타−D−fructofuranose

과당의 구조식

우리가 먹는 과일 속의 전체 과당 함량은 언제나 일정하지만 온도에 따른 과당의 이성질화 현상으로 과당 내의 베타형과 알파형 비율이 변한다. 즉 온도가 내려가면 과당의 알파형이 낮은 온도에서 더 안정한 베타형으로 바뀌기 때문에 베타형이 많아지고 그 반대의 경우 온도가 올라가면 높은 온도에서 더 안정한 알파형이 많아진다. 이러한 이유로 같은 과일이라도 온도에 따라 단맛의 차이가 생기는 것이다. 하지만 너무 차갑게 하면 혀의 감각이 마비되어 단맛 감각이 둔해질 뿐만 아니라 과일의 식감도 좋지 않아 오히려 달콤한 맛을 느끼지 못하게 된다. 그래서 과일은 영하의 온도인 냉동고가 아닌 냉장고에 신문지에 싸서 보관하는 것이 좋다.

5. 꿀은 벌이 소화하여 분해한 달콤한 액체

꿀은 벌이 꽃이나 잎 따위의 단물을 내는 꿀샘에서 빨아들인 설탕과 같은 달콤한 액체를 위의 앞부분인 전위에 잠시 저장했다가 꿀 채집통에 다시 토해낸 것이다. 생 꿀의 맛과 향은 다양하며 이것은 벌의 종류와 벌이 꿀을 빨아 오는 원천이 되는 꽃의 종류에 따라 다르다. 하지만 일반적으로 꿀은 40% 정도의 포도당과 40% 정도의 과당으로 이루어져 있으며 나머지는 거의 수분이고 미처 소화 분해되지 않은 자당도 2%가량 포함되어 있다. 꿀의 주성분인 포도당과 과당은 원래 꽃에 있던 자당이 벌의 소화 효소 작용으로 가수분해된 것이며 흡수가 빠르게 잘 된다. 빠른 흡수는 이당류인 설탕의 특징이지만, 단당류가 대부분인 생 꿀은 아예 소화 분해 과정이 필요하지 않다.

자연의 생 꿀에는 당분 외에도 인체에 활력을 주는 다양한 단백질과 미네랄, 밀랍, 꽃가루와 색소, 방향성 물질, 비타민과 아미노산 등 소량이지만 여러 생리 활성 성분들이 들어있다. 꿀의 원천이 되는 식물, 즉 밀원식물은 나라마다 다양하다. 미국에서는 클로버와 오렌지, 호주에서는 유칼리가 대표적인 밀원식물이다. 우리나라는 제주도의 유채, 강원도의 메밀과 싸리 등이 유명하며 그밖에 아카시아, 밤나무, 배나무, 매화나무, 복숭아나무, 사과나무, 클로버, 오이, 수박, 엉겅퀴 등도 꿀벌이 자주 왕래하며 달달한 꿀을 채집하는 식물들이다. 이런 이유로 나라마다 생산되는 생 꿀의 색깔과 맛 역시 다양해진다.

6. 설탕은 진짜 나쁜가?

당을 과다섭취한 사람의 뇌는 마약, 알코올 중독자들의 뇌와 흡사하고 또한 끊으려 하면 금단현상이 발생한다. 당뇨, 고혈압, 비만, 고지혈증 등 각종 성인병, 대사 질환의 주범이다. 특별한 경우이지만 돌연변이 세포 발생 시 면역세포가 활성화되어 돌연변이 세포를 없애야 하는데 당의 과도한 섭취는 면역세포의 활성화에도 악영향을 주어 면역력 저하가 일어난다. 또한 몸속 당은 암세포가 좋아하는 성분이므로 암 발생을 높이기도 한다. 가공식품을 통한 WHO[세계 보건 기구(World Health Organization)]의 하루 당 섭취 권고량은 50 g 이하이다. 각설탕 1개가 2.7 g이니 약 3 g이라고 하면 하루 16개가 권고량이 된다. 그러나 최근(2015년)에 2.5 g 이하로 권고량을 변경하였다. 한국 사람 하루 평균 당

섭취량은 약 77 g이며 각설탕 25개 양이다.

이해가 잘 가지 않는 한 가지 의문점이 있는데 많은 사람이 단당류, 이당류, 다당류 등 여러 가지 당류 중에서도 왜 유독 이당류인 설탕에만 곱지 않은 시선을 보이는 걸까? 이당류인 설탕외의 단당류에 속하는 생 꿀과 다당류를 주성분으로 하는 밥과 감자에 대해서는 조금의 의심도 없이 대부분 전혀 거부감을 나타내지 않는 걸까? 그래서 현시점에서 건강을 논할 때, 설탕은 좋은 대접은커녕 성인병을 비롯한 여러 현대병을 복합적으로 일으키는 주범으로 집중적으로 공격당하기도 한다. 과연 설탕이 입에 거품을 머금을 정도로 인체에 지독히 나쁜 것일까? 확실한 결론은 특이체질을 가지지 않은 한 설탕을 적당히 먹으면 인체에 해를 거의 끼치지 않으며, 다시 말하면 신진대사를 통해 설탕은 건강과 질병 사이에서 중립의 자리를 지킨다는 것이다. 적당히 여유롭게 자각하고 설탕을 통제하며 섭취한다면 너도나도 건강한 생활을 향유할 수 있다.

7. 당은 피로 해소제인가?

당은 인체를 위해 활력을 주는 에너지의 원천이며 축구나 농구와 같은 격렬한 육체 활동을 할 때 필수적인 에너지원으로 쓰인다. 단당류, 이당류, 다당류 등 여러 종류의 당들은 우리의 몸속에서 거의 같은 방식으로 사용된다. 이당류와 다당류들은 일단 소화 과정에서 가수분해가 되면 단당류인 포도당과 과당으로 분해 전환되는데 이렇게 분해되어 생성된 단당류는 혈관을 통해 체세포로 이동한다.

각 세포에 도착한 당류는 생화학 반응 과정을 거쳐 에너지를 제공하며 아미노산이 단백질을 형성하도록 돕는데, 단백질은 인체의 세포를 구성하고, 근육의 발육과 생명을 유지하는, 인체에 필수적인 고분자이다. 생활에 필요한 정상적인 신진대사에 사용되고 남은 당류들은 500여 가지 이상의 기능을 가진 간에 글라이코젠으로 저장되며 이 글라이코젠이 당원의 원천으로 소화 분해되어 에너지 대사에 참여하게 된다. 글라이코젠 덕분에 우리 몸이 한동안 당분을 섭취하지 않아도 지속적으로 혈관에 당을 공급할 수 있다.

포도당과 같은 탄수화물들은 우리의 필수적인 대사에 사용하고도 남을 정도의 과한 농도일 경우 몸에 100% 축적을 하게 되며 이들이 혈액 속 지방과 내장지방에 축적되어 각종 염증 물질을 생성한다. 우리들의 에너지원은 주로 포도당이 사용되기 때문에 축적이 거의 일어나지 않는다. 하지만 과당은 강한 단맛과 강한 중독성이 있으며 과한 농도로 존재할 경우 대부분 그대로 축적이 되어 만성 질환의 주요 원인인 지방으로 변화된다. 우리는 격렬한 운동이나 정신적인 긴장감에 의해 에너지의 많은 소비로 간의 글라이코젠이 거의 바닥이 나서 혈액에 당류(糖類)의 성분인 당분이 제대로 공급되지 않는 상태를 심신 기능의 저하 상태인 피로(fatigue)라고 한다. 정상인의 일시적인 피로(fatigue)는 따뜻한 생 꿀이나 설탕물 한잔을 통해 포도당과 같은 단당류를 섭취하면 이른 시간 안에 정상 혈당으로 돌아와 말끔히 해결된다.

8. 말랑말랑한 인절미는 왜 충치에 해로울까?

떡메로 찰기가 생긴 쫄깃한 떡인 인절미와 달콤함으로 자주 손이 가는 사탕 중에서 어느 것이 우리의 치아에 더 나쁜 영향을 미칠까? 우리는 언론매체를 통해 신토불이라는 말을 자주 듣고 우리 땅에서 나는 유기농 곡류와 채소를 중심으로 식사할 것을 권하는 현실에 살고 있다. 자신이 태어난 땅에서 자라 생산된 곡류와 채소를 사용하여 만든 전통 음식이 우리 몸에 좋다는 편견에 확실히 사로잡혀 있기도 하다.

만약 해외에서 생산된 음식이 설탕 덩어리 그 자체이며 알록달록하게 눈으로도 먹고 싶은 사탕이라면 지금 하는 이야기는 할 필요도 없다. 그렇다면 과연 어떤 음식이 더 이에 해로울까? 충치는 치아의 에나멜질이나 상아질이 침범된 다시는 건강치로 되돌아갈 수 없는 불가역적 질환으로 주된 발생 요인으로는 설탕 섭취와 매우 관련이 깊다. 설탕을 많이 포함하는 과자나 음료 그리고 음식물을 섭취하면 치태의 세균이 설탕을 소화분해하면서 산을 발생시킨다. 이것이 치아의 단단한 조직인 에나멜질이나 상아질을 공격하여 손상되면 침식되어 충치가 된다. 충치는 현대인의 질환 중 발생빈도가 빈번한 질환이라 할 수 있으며 우리나라에서도 현대문

화의 발달과 식생활의 서구화로 충치 발생률이 급증하고 있다.

지금까지 이 책에서 다루었던 화학으로 표현하자면 인절미는 다당류가, 사탕은 이당류가 구성 성분으로 조성된 당분 음식이다. 그러나 우리 입안의 세균은 당의 종류를 선택해서 공격하는 것이 아니기에 문제는 입안에서 소화 분해된 당분들이 치아에 머무르는 시간에 있다. 하나의 코믹 장면처럼 사탕 하나 먹고 양치질, 인절미 하나 먹고 또 양치질, 이렇게 깔끔한 생활을 한다는 것은 무척 힘든 일이다. 당분을 많이 포함한 음식, 특히 그중에서도 쫄깃한 인절미나 끈끈한 엿은 달콤한 사탕보다 치아에 잘 달라붙고 끼니와 끼니 사이에 요기하는 간식거리이므로 입안의 세균과의 동거 기간이 상대적으로 길어 충치로 옮겨갈 수 있는 확률이 높다.

이것은 어른뿐만 아니라 아기도 심각한 수준인데 특히 아기의 젖병은 충치의 매우 심각한 원인을 일으킨다. 당분이 포함된 음료인 우유나 주스 그리고 이유식 등이 담긴 젖병을 입에 물고 아기가 잠이 드는 것은 입안의 세균과의 동거 기간이 무척 길어져 치아에 상당한 해로움을 줄 수 있다. 이렇기에 아기를 키우는 부모의 정확하고 과학적인 지식이 꼭 필요한 이유이기도 하다.

9. 설탕과 흑사병

설탕은 유럽에 처음 설탕이 전해진 무렵부터 혁신적 사상운동인 계몽주의가 활발히 전개되기 이전인 18세기까지 환자의 질환을 치료하는 의료 행위에서 절대적으로 반드시 있어야 할 물건이며 절대 빠뜨릴 수 없는 것이었다. 그 당시의 설탕은 거의 모든 생활 구석구석 모든 활용 범위에서 말 그대로 만병통치약 그 자체였다. 유럽 모든 병원에서는 이 시기에 기침과 감기, 인후통과 몸살 등의 열과 관련있는 모든 증상에 다른 제약과 함께 무조건 설탕을 처방했다. 그때 그러한 의료 행위는 현대 의약 처방 방법으로는 매우 표현하기 어려운 행위들이지만 그 당시에는 감기에 가끔씩 설탕 태우는 연기를, 기침과 열에는 따뜻한 물에 설탕을 녹인 설탕물을 마시게 했다. 그 밖에도 원기를 잃은 노인들에게는 계피와 함께 설탕을 뜨거운 물에 녹인 후 그 계피 설탕물을 마시게 하거나 장미꽃에서 추출한 장미 향수 가득한 장미액과 함께 따뜻한 설탕 시럽을 한 숟가락 먹도록 추천했다. 그 당시에는 아무런 생각 없이 설사를 멈추게 하거나 위장병을 치료하기 위해 그리고 심지어 정력을 강화하기 위한 정력제로 만병통치약처럼 설탕을 먹었다.

하물며 인류 역사에 기록된 최악의 대유행 전염병(Pandemic, 범유행)이었던 흑사병(Black Death)에도 마치 특효약인 것처럼 달콤한 설탕을 처방했다. 설탕 처방전이 2020년 2월부터 대유행하기 시작한 Covid 19에도 적용할 수 있을까? 그 당시 이런 대응이 얼마나 일반적이었는지 우리는 14세기 중반 창궐한 흑사병에 관련된 많은 서적에서 의사에 의해 처방되어 발권된 처방전에서 확실하게 알 수 있다. 하나같이 처방전에는 달콤한 설탕이 예외 없이 대세 물질로 다른 제약들과 함께 처방됨을 알 수 있다.

또한 천연 감미료인 설탕은 사람들의 몸과 정신을 강하게 한다고 생각하여 부분적으로 이명증이나 가벼운 경련 그리고 우울증 등 신경정신과 계통 질환의 증세에도 처방을 통해 사용되었다. 이것은 가수분해에 의하여 설탕 한 분자에서 단당류인 포도당과 과당으로 분해되는 탄수화물인 설탕이 몸에 빠르게 소화 및 흡수되어 두뇌 활동을 위한 에너지원으로 쓰이는 생화학적 특성과 관련이 깊다. 21세기인 현재도 불안증과 우울증 그리고 신체화 장애 등의 정신적인 부조화로부터 발생된 질환에 달콤한 설탕과 같은 단 것을 섭취하는 것으로 아주 간단하게 해결하려는 사람들을 간혹 볼 수 있다. 수많은 처방전에 하나같이 달콤한 설탕이 다른 제약들 보다 주 제약으로 처방되었지만 최악의 대유행 전염병인 흑사병은 8년간 유럽 전역을 휩쓸었다. 그래서 Covid 19 에도 당연히 달콤한 설탕이

처방전에 기록될 수 없을 것이다.

10. 탈수 능력과 보존 능력

달콤한 설탕의 능력은 볶음 반찬이나 과일잼 등을 만들 때 탈수의 역할이 있어 탈수제로 사용되며 식품에 첨가되면 굳게 하는 능력이 있다. 그리고 미생물의 성장 및 번식을 억제함으로써 식품의 보존 기간을 연장하는 능력도 있다. 이처럼 설탕은 뛰어난 수분 흡수력과 탈수력으로 인해 장기간 보존하며 사용할 각종 식품의 식품 보존제로서의 역할을 수행한다.

설탕은 반투막을 통해 낮은 농도의 용매가 높은 농도의 용액 속으로 이동하는 삼투작용으로 식품 재료에서 수분을 빼내고 물과 결합하여 굳어지며 박테리아나 균류 따위의 미생물이 번식할 수 있는 환경을 확실히 제거한다. 잼과 젤리 그리고 설탕 조림 과일 등은 설탕의 이러한 성질을 완벽하게 이용한 것이다. 언급된 것 말고도 설탕의 다양한 역할이 존재하는데 세포 속에 침투해서 과일이나 채소의 구조를 보호하여 공기 중의 산소에 노출되었을 때 산화되어 변질하는 것도 방지한다. 또한 식품 원래의 색이 변색 되지 않게 하면서 보다 밝게 하고 습기를 스스로 흡수, 유지하며 광택이 나게 한다. 그러나 생과일로 잼이나 젤리 등을 만들 때는 진한 설탕 농도에 의해 오래 보관해야 하기에 공식적인 규칙은 아니지만 설탕과 과일의 비율이 과일 1에 설탕 1.2의 비율을 지키는 것이 좋다. 설탕의 보존력은 오직 설탕만의 고유한 물리적 성질을 100% 발휘하도록 정제를 많이 하면 할수록 더 강해진다. 역설적인 화학이지만 음식의 건조도 방지할 수 있는데 흡습성이 높은 설탕이 수분을 꼭 붙잡아 두기 때문이다. 화학적인 표현으로 설탕의 분자 구조를 보면 설탕 한 분자에 8개의 −OH(하이드록시기) 기가 있어 물과 수소 결합을 잘하므로 수분을 잘 흡수하게 된다.

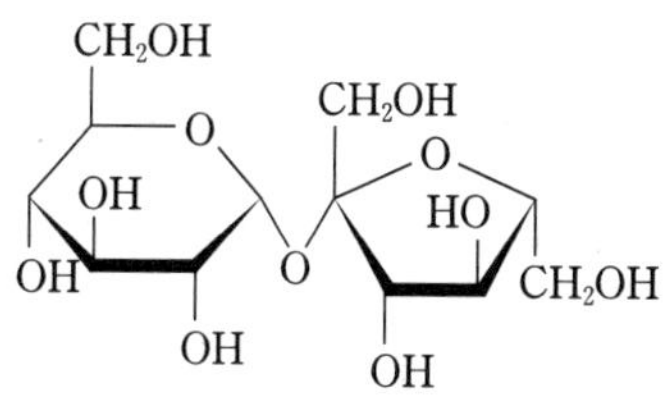

설탕의 분자 구조

그래서 빵이나 떡을 만드는 곳에서 빵이나 떡의 표면에 설탕을 골고루 뿌리는 것을 볼 수 있는데 이는 굳지 말라고 하는 행위이다. 일반 상식의 하나로 달걀이 들어가는 요리를 할 때 설탕을 조금 넣으면 쉽게 응고되지 않고 열을 가해도 부드러운 상태를 유지하는 경향이 있다. 또한 달걀찜을 할 때 일반적으로 달걀 4개를 기준으로 설탕 1/2티스푼만 넣으면 보들보들하고 탱글탱글한 맛있는 달걀찜을 만들 수 있다. 그러나 앞선 장에서 무수히 언급했듯이 설탕은 비만과 당뇨 환자는 통제해야 할 달콤한 물질이다.

11. 낙동초의 똥 과자

사하구 제석로에 자리한 낙동 초등학교 교문 옆의 똥 과자(뽑기)는 정말 달콤하다. 간혹 지금도 사람이 많이 모이는 축제에서 볼 수 있기도 하다. 6·25 전쟁 이후 우리나라 1955~1975년대의 경제가 어려웠던 시절을 보낸 사람이라면 남녀노소 가리지 않고 누구에게나 뇌리에 맴도는 먹거리이기도 하다. 그것은 바로 흰 설탕이나 정제하지 않은 노란 설탕을 국자에 넣고 녹인 후 나무젓가락을 이용해 소다(베이킹 소다, $NaHCO_3$) 가루를 국자에 넣고 나무젓가락으로 몇 번 휘돌린 다음 부풀려 먹는 과자, 일명 뽑기인 똥 과자이다. 우그러진 국자에 녹인 뜨거운 설탕 액체에 탄산 수소 소듐($NaHCO_3$)을 넣으면 그때는 연탄불에, 요즘은 버너 열로 화학 반응을 일으켜서 이산화 탄소가 발생된다. 이것이 설탕 액체 속에 커다란 구멍을 뚫고 나가면서 노란 색깔의 고체화 현상을 통해 덩치가 몇 배로 부풀어 오른 맛있는 똥 과자가 된다. 그 부풀어 오른 덩어리를 달라붙지 말라고 콩기름을 발라둔 넓은 양철판 위에 국자를 홱 뒤집어 떨어뜨린다 그 후에 각가지 형태의 그림을 만들기 위해 재빨리 별 모양이나 다양한 형태의 철로 만든 기구를 올려놓고 다시 납작한 도구를 누르면 환호할 만한 멋진 똥 과자(뽑기)가 만들어진다. 그 당시 화학의 화자도 제대로 배우지 못한 아이들에게 베이킹 소다를 찍은 나무젓가락이 열에 의해 녹아 설탕 액체가 든 국자에 닿으면 순식간에 부풀어 오르는 것이 동네 아이들 눈에는 마치 신기한 마술의 한 장면이었다. 무엇보다도 당시에는 요즘보다 훨씬 더 천연 감미료인 설탕이 귀했기에 달콤함과 함께 호기심 천국 같은 분위기로 동네 아이들의 형용할 수 없는 흥분을 자아낼 수 있었다.

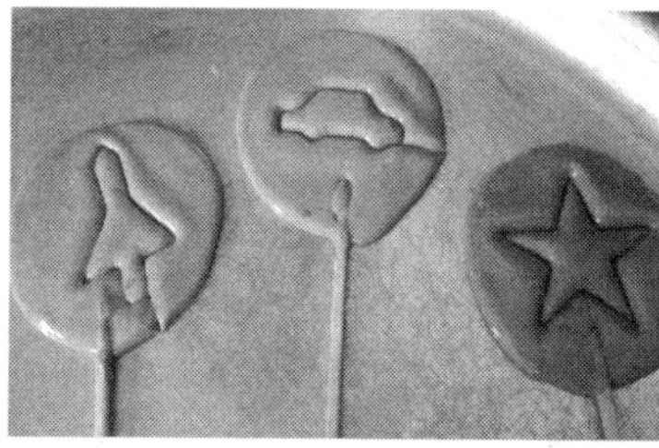

요즘에는 그 아무것도 없던 시절 무척 사랑을 받았던 똥 과자(뽑기)는 거의 사라지고 비슷한 것으로 포도당과 설탕을 녹인 후에 베이킹 소다를 넣어 만든 즉석 과자인 달고나라고 부르는 하얀 각설탕 같은 것이 있다. 그때의 동네 아이들은 이미 노인네가 되어 추억을 먹으며 생활하고 있는 동안 수많은 먹거리가 생겼다 사라졌다. 그런데 최근에 그 시절의 똥 과자가 50~60년의 세월을 건너 우리 곁으로 다시 돌아왔다. 다양한 먹을 거리가 흔한 요즘 승학로나 하단 심지어 남포동과 명동 같은 번화가에도 똥 과자 좌판이 등장한 것이다. 달콤함에 대한 유혹과 흥미를 유발하는 화학적인 팽창 그리고 젊은 연인 사이의 풋풋한 사랑이 한데 어우러져 여전히 매혹적이며 잊을 수 없는 추억을 동반하기를 바란다.

12. 사랑과 달콤한 맛

요즘 젊은 사람들은 사랑하는 이를 허니와 슈가 등 달콤한 단맛을 가지는 자연에서 추출한 감미료의 효과적인 단어로 부른다. 특히 동서고금을 막론하고 달콤한 단맛과 달달한 사랑이 가장 밀접하게 연관되어 있고 인간의 기쁨과 노여움, 슬픔과 즐거움인 희로애락과도 그 뿌리가 깊다. 비너스의 아들이자 사랑의 신인 큐피드처럼 인도 신화에도 신비스러움과 묘함을 가진 활을 가지고 다니는 까마데바(Kamadeva, 사랑의 신)라는 신이 있다. 그는 인도의 수많은 신 가운데서 가장 잘 생겼으며 열대의 대형 새인 앵무새를 타고 다니며 꽃이 달린 화살을 쏜다. 그가 생활하는 공간에는 언제나 그의 아내 라띠(Rati : 쾌락의 여신)와 친구 바산따(Vasanta : 봄)가 주위 시선을 압도하는 휘황찬란한 옷으로 치장한 후 동행하며 화살을 골라 준다.

주로 활동하기 좋은 봄에 활동했는데 그는 무분별하게 자신의 쾌락 화살을 쏘아대기를 즐겼다. 쾌락의 화살 목표로는 주로 어린 소녀, 유부녀, 금욕주의자를 선호했으며 아무런 규칙도 없이 무분별하게 마구 쾌락의 화살을 쏘아대다 결국 신들 중의 왕인 시바(Shiva)의 명상을 방해한 것에 대한 벌로 까마데바는 불에 타서 재가 되었다. 그러다 쾌락의 여신인 그의 아내 라띠의 간절한 요청으로 다시 살아난다. 우리가 보기에 이 성적으로 절제력이 부족한 까마데바가 가지고 다니던 활은 다음과 같이 묘사한다. 달콤한 맛을 지닌 사탕수수 줄기로 만든 것이며 활대에 걸어서 켕기는 줄인 활시위는 달콤한 맛의 유혹이며 한 줄로 늘어선 윙윙거리는 꿀벌 떼가 그 역할을 했다고 전해진다.

저자 소개

송주현(대표저자)
동아대학교 화학과 교수
부산대학교 시간강사 역임
부경대학교 시간강사 역임

변애선
부산시 약사회 상임위원장
동아대학교 겸임교수
약학박사 선약국 대표약사
경성대학교 시간강사 역임
울산대학교 시간강사 역임

조종현
서울대학교 화학과 박사
Emory University 항바이러스
연구센터 연구원
동아대학교 의약생명공학과 교수

정대일
동아대학교 화학과 교수
University of Illinois 교환교수
Iowa state University 교환교수

단맛 탐험

저 자 송주현 · 변애선 · 조종현 · 정대일
발 행 인 김지영
발 행 처 자유아카데미
주 소 경기도 파주시 회동길 37-42
파주출판도시
전 화 031-955-1321
팩 스 031-955-1322
홈페이지 www.freeaca.com
전자우편 main@freeaca.com (대표)
editor@freeaca.com (편집)
crm@freeaca.com (영업)
등 록 제406-2003-017호, 1980. 7. 12.
제1판1쇄 2021년 2월 8일 발행
정 가 20,000원

ISBN 979-11-5808-297-0 93430